U0095971

不可不知的 Flutter App 自動化測試實戰攻略

從設計到測試、維持產品品質的高效實踐

吳政樺（Paul）著

開發者必學自動化測試技術

開發不只是做出功能，更要確保未來正常運作

測試最佳實踐	學習測試概念	展示實戰案例	延伸進階議題
由淺入深討論測試 探討如何優雅實踐	單元測試、Widget 測試與整合測試	結合真實案例 展示不同面向的測試	使用 TDD、IDE 工具 提升產品開發效率

2023 iThome鐵人賽 佳作

iThome 鐵人賽

不可不知的
Flutter App 自動化測試實戰攻略
從設計到測試、維持產品品質的高效實踐

作　　者：吳政樺（Paul）
責任編輯：曾婉玲

董 事 長：曾梓翔
總 編 輯：陳錦輝

出　　版：博碩文化股份有限公司
地　　址：221 新北市汐止區新台五路一段 112 號 10 樓 A 棟
　　　　　電話 (02) 2696-2869　傳真 (02) 2696-2867

郵撥帳號：17484299　戶名：博碩文化股份有限公司
博碩網站：http://www.drmaster.com.tw
讀者服務信箱：dr26962869@gmail.com
讀者服務專線：(02) 2696-2869 分機 238、519
（週一至週五 09:30 ～ 12:00；13:30 ～ 17:00）

版　　次：2024 年 11 月初版

建議零售價：新台幣 650 元
Ｉ Ｓ Ｂ Ｎ：978-626-414-001-0（平裝）
律師顧問：鳴權法律事務所 陳曉鳴 律師

本書如有破損或裝訂錯誤，請寄回本公司更換

國家圖書館出版品預行編目資料

不可不知的 Flutter App 自動化測試實戰攻略：從設計
到測試、維持產品品質的高效實踐 / 吳政樺 (Paul) 著.
-- 初版. -- 新北市：博碩文化股份有限公司，2024.11
　面；　公分

ISBN 978-626-414-001-0(平裝)

1.CST: 系統程式 2.CST: 電腦程式設計 3.CST: 行動資
訊

312.52　　　　　　　　　　　　　　113015613

Printed in Taiwan

博 碩 粉 絲 團　歡迎團體訂購，另有優惠，請洽服務專線
(02) 2696-2869 分機 238、519

推薦序

讓軟體不再「變硬」─當個不慌不忙的開發者

經常聽人說：「我們需求很多很趕，沒有時間測試。」但筆者認為，沒有經過測試就送交出去的功能，不能算是真正的功能，只能算是半成品。為什麼？就像心算一樣，無論算得多麼快，算錯了跟沒算有什麼兩樣，對吧？同理，沒有驗證過的功能，就跟沒有做一樣。

「那我給測試人員測不是一樣嗎？」如果需求不會變，那這是對的。但是需求真的不會變嗎？各位出社會這麼久，肯定經常聽老闆或 PM 說：「這個需求很簡單」、「客戶說這個需求不會變」，對吧？其實聽多就知道，這兩句絕對是軟體業界最大的兩個謊言。

已經決定的規格或是已經做好的功能，一旦發生了改變，肯定會造成一定的困擾。各位如果提前翻到本書的第二章，你就會發現，甚至是同一個改變，發生在不同時間點，困擾程度與所需時間也會不同。需求的改變帶來壓力，壓力迫使我們做出倉促的決定，進而破壞原有的功能，這種事情時有耳聞。

這時你才赫然發現：「哎呀，不小心把軟體給做『硬』啦！」

既然改變無法避免，那我們能不能預判未來，做出彈性更大的設計呢？當然可能。世上當然有絕妙的設計、絕對精準的預測，也肯定有能預測未來所有改變而做出「不論未來如何改變都能遊刃有餘」架構的神乎其技架構師。可惜的是，這種人中之龍，在業界乃鳳毛麟角，非常罕見。同樣可惜的是，我們人生在世並不擁有無限的時間，所以就算擁有完美設計，我們也沒有無限的時間能夠實現它。既然時間有限，那麼誰能把時間花在利益最大的地方，誰就掌握了工作效率的關鍵。

　　與 Paul 同事多年，我至今仍記得第一次看到 Paul 寫 Code 時，心裡暗暗浮現的四個字：「不慌不忙」！在 Paiir 時，你會看到他如何在了解需求後，擬定八成的戰略就開始第一個測項，並大膽的讓他 Fail。接著，再從容地加一點點邏輯讓測項通過後進行重構，然後下一個 Failed 測項⋯，如此不斷循環，過程中他能夠隨時掌握目前進度、走歪時調整方向、發現壞味道馬上重構，甚至最重要的是重構結果不理想就勇敢 reset 掉。以前只能在 Kent Beck、Uncle Bob 書上看到的超順暢 TDD，就活生生在你眼前重現。

　　這樣的工作節奏，你說真的面臨改變時，還會非常慌張嗎？我想很難了，因為當你測試如影隨形地出現在程式身邊，甚至早程式一步出現，這時如果程式有什麼設計上的問題，測試就會馬上變得很難寫或是根本寫不出來。如此不斷隨功能演化精進的架構，可以幫助我們更好地預期修改的影響範圍，一旦影響範圍變得可預測，我們也就不再那麼害怕修改了。況且，萬一改錯了，測試總是能第一時間就幫我們抓出來，進而再降低修改成本。

　　身為 Flutter 開發者的你，也想提升工作效率、降低錯誤，變成像 Paul 一樣不慌不忙的開發者嗎？如果你也認同筆者前面的論述，那麼本書就非常適合你的關注。你可以從第一章、第二章先了解在 Flutter 中測試基本的編寫方法、與框架的互動，以及撰寫時該注意的事項。接著，在三到六章中，學會何時與如何隔離依賴，藉以提升開發效率，不再受限於框架的規定，並藉由 Widget 的測試來讓你的測試更靠近用戶的使用場景，而避免過度依賴於底層邏輯，進而輔助架構的重構。最後，可以在七到八章中，了解到適度的整合測試、好的 IDE 工具、自動化的 CI/CD 流程，以及大家最愛講但很少做的 TDD，如何幫助你的開發效率更上層樓。

　　Paul 在本書中引用了許多前輩大師的經典作品，對我來說，就像是絕世武功的目錄，幫助我們想要探究更深入的內容與理論時，可以按圖索驥、順藤摸瓜地找到該找的內容，而節省在茫茫 Google 海摸索，與在 ChatGPT 每次不盡相同的答案中比較探索的時間。

　　顧名思義，「軟體工程」就是用工程的方式來管理軟體。我們希望有一套健全的、科學化的工作模式能夠依循，減少人為因素產生的損失，並且在出錯的時候，把傷害降到最低。同時，如同科學不斷進步，工程本身也應當不斷研究與精進，以期收到「效率越來越高、錯誤越來越少、傷害越來越低」的效果。

　　在軟體工程的世界，我們都是學習者，因此筆者在此敬邀各位加入我們的探索行列，共同研究更好、更適合的軟體工作方法，把軟體做得更「軟」。如果你也有興趣，不如就從本書開始吧！

「Kuma 老師的軟體工程教室」板主

Kuma Syu 謹識

Winter 2024

前 言

　　回想初入社會開始工作的頭兩年，筆者所在的公司跟大部分公司一樣，有專職的 RD 寫程式，程式寫完之後會出一版讓專職的 QA 進行測試。RD 的工作也就是從 PM 那邊接收需求並完成功能，完成之後手動測試一下，沒有問題就提交程式碼，接著馬上繼續下一個任務，壓根兒沒想過什麼單元測試，也從沒想過測試與 RD 有多大關係。某段時間，產品 Bug 數量比較多，有位團隊成員就提到單元測試，但是因為團隊中大多數人沒聽過與實踐單元測試，也不知道單元測試能如何解決問題，後來也就不了了之。

　　日子就這麼過了幾年，也與許多人一樣，選擇換了一個新環境。在這個新環境中，開始學到許多寫程式以外的事情，這當中就包含了單元測試。這段時間，也十分慶幸遇到了許多好老師與同事，開始對單元測試有深入的了解，單元測試終於不再只是聽過，但不知道是什麼的技術了。

　　單元測試是一種的自動化測試，概念十分容易理解。隨著我們學習越多不同的自動化測試工具，就會發現單元測試的基礎觀念還能使用在其他不同的測試上。雖然說單元測試很容易學習，但是卻不容易精通，與學習寫程式一樣，除了需要大量的練習與實戰之外，也要不斷地從實踐中獲取回饋並改善。

　　軟體開發也發展了數十餘年了，幾乎所有語言都可以寫單元測試，對於新入行的開發人員來說，要寫單元測試並不難，但要熟練單元測試並在工作中得心應手地使用，是一項不小的挑戰。若找不到自己熟悉的語言的單元測試教程或者是有老師手把手帶著做，最後可能容易落入為寫而寫、寫了品質不好的測試，讓測試反而變成一種負擔，畢竟測試寫了之後也是需要花時間維護的，並不是寫完放在那裡就永久有效。

筆者寫這本書的初衷，是希望可以給開發 Flutter 的讀者，有機會可以從 Flutter 的角度認識單元測試、Widget 測試等自動化測試工具與開發人員常用的測試技巧，讓開發人員可以在日常工作中透過寫測試來維護產品的品質。

吳政樺 謹識

關於本書

◆ 從 Flutter 出發

Flutter 從第一版到現在，還不到十年，隨著 Flutter 日益發展，越來越多的開發人員加入 Flutter 開發行列，網路上的相關資源也越來越豐富。無論是書籍、影片或部落格文章，有許多資源在介紹 Flutter 開發技巧，有些資源在介紹如何使用 Flutter 框架，有些介紹如何設計可靠的 Flutter 程式。

除了實作 Flutter App 的畫面與邏輯之外，在持續不斷的開發過程中，「如何確保功能被正確實作，沒有弄壞任何東西」是一個重要的議題。當我們加了功能，改了程式碼，我們可能會透過手動測試一下是否沒功能、是否正常。當專案還小，功能還不多時，我們手動測試並不會花費多少時間，但是隨著專案越來越大，測試範圍跟著變大，功能之間互相交叉變化，測試情境的數量更是以指數增長。不只有功能改動需要增加測試外，我們也會常常重構程式碼，讓程式碼保持彈性、易於修改，而重構之後也要測試，確保功能一切正常。

如果只使用手動測試，到最後肯定會發現手動測試幾乎占滿了時間，拖慢了開發速度，於是就連手動測試也不做了，然後 Bug 數量就開始慢慢增加。雖說公司可能有聘請 QA 來協助產品測試，但是若寫完的功能沒有一定品質就交到 QA 手上，也只是讓 QA 很快把功能退件而已，幾次反覆來回，反而增加了產品的開發成本。

為了解決這個問題，使用自動化測試取代大部分的手動測試，就是一個理想的方式。我們希望從開發 Flutter 的角度出發，讓讀者在已經熟悉 Flutter 狀況下，開始學習不熟悉的自動化測試，減輕學習的負擔。

◈ 本書閱讀方式

在開始之前，需要注意本書中的使用 Flutter 版本為 3.22.3，但是讀者也不必太過擔心版本不同，測試所使用 API 通常不太會有大變動，即便未來 API 有所變動，相信讀者在讀完本書之後，也可以依循相同概念找到合適的修改方式。

此外，本書也會介紹一些工具輔助開發與測試，筆者大部分時間都是使用 JetBrains 的 Intellij IDEA 來開發 Flutter，所以有些工具是使用 Intellij IDEA 的功能來完成，如果是使用 Android Studio 的讀者應該也同樣可以使用，若是使用 Visual Studio Code 或其他 IDE 的讀者，則可能需要花一些時間研究類似的替代方案，相信應該不會太難找到。

透過閱讀本書，您將能夠：

◆ 理解測試在 Flutter 開發中的重要性，並掌握基本的測試方法。

◆ 掌握單元測試、Widget 測試與整合測試的具體步驟和技巧。

◆ 運用測試工具和框架，有效編寫和維護測試使用案例。

◆ 針對不同場景選擇合適的測試策略，並解決常見的測試問題。

◈ 程式碼範例

在本書中會有許多程式碼實例來輔助解釋，有時某些例子會連續出現。我們透過幾種形式來標示，讓篇幅不至於過長，也能有效展示例子。

◆ 以粗體標示修改部分：我們會在程式碼範例中使用「粗體」來標示每次修改的部分。由於我們的許多例子中，都會對同一段程式碼修改數次，讓讀者們能夠了解迭代的過程，所以如果是修改的話，我們會用「粗體」標示修改的部分，讓讀者更容易理解。

◆ **使用註解標註省略部分程式碼**：在程式碼例子中，我們會使用「//」標註被省略的程式碼與被標註程式碼的概略稱呼。由於程式碼例子大多是連貫的，所以如果想檢視被省略的細節，可以稍微回頭看一下，大多能在更前面的程式碼範例中找到被省略的部分。

```
test("some test", () {
  // 省略準備資料

  int result = calculator.add(1 + 2)

  expect(result, equals(3));
});
```

◆ **摺疊程式碼**：在 Intellij IDEA 中有一項摺疊程式碼的功能，這項功能可以把方法中的細節摺疊成一行，讓程式碼更容易檢視。在本書的程式碼範例中，有時候也會採取這種形式，大多用於省略方法細節，至於方法功能，讀者們可以從方法名稱中略知一二。同樣的，如果想知道完整的方法細節，大多可以在更前面的程式碼範例中找到。

```
test("some test", () {...});
```

😊 感謝的話

最後，能夠完成本書，最感謝的是我的太太 Lily，沒有她的支持，我無法完成本書。本書內容集結筆者自身的學習與實踐經驗，特別感謝我的好同事們，透過 Pair Programming 與 Code Reivew，除了提高產出的品質之外，也能在開發過程中與夥伴互相學習，有句話說：「一個人可以走得很快，一群人可以走得很遠」，如果想要持續進步，除了自己努力之外，有志同道合的夥伴也是很重要的。那就讓我們一起踏上這段測試之旅，探索 Flutter 的奧祕，成為一名更專業的 Flutter 開發者。

目 錄

Chapter 03 ▶ 單元測試與測試替身

Chapter 04 ▶ 其他單元測試

Chapter 05 ▶ Widget 測試

Chapter 06 ▶ 深入 Widget 測試

Chapter 07 ▶ 整合測試

Chapter 08 ▶ 其他測試議題

1
CHAPTER

遊戲開始

1.1 從何開始

軟體開發的世界中,「測試」扮演著至關重要的角色,它不僅僅是為了驗證程式是否正常運作,更是為了確保軟體各方面的品質,提升開發效率,降低維護成本。然而,對於許多開發者來說,「測試」往往被視為繁瑣且令人卻步的任務,畢竟是自己剛寫出來的東西,對功能是否正常還是十分有信心的,覺得開發的過程中已經手動測試了很多次,沒有必要再寫測試。

其實,測試最大的功用反而是在完成功能之後,無論是要對寫完的程式碼進行重構,或者是未來在修改功能時,我們都會需要測試來提醒我們有沒有把原本已經寫好的東西改壞。

1.1.1 以遊戲專案為例

在本書中,我們將提供讀者一個小型的「數字推盤遊戲」專案,帶領讀者由淺入深地學習 Flutter 測試,針對不同元件解釋如何運用測試來保護程式,我們會從內往外地對不同類別進行測試。在不同類別的測試中,會遇到不同的麻煩,我們將一步一步地解釋,如何透過一些測試技巧解決這些常見的麻煩,也會適時介紹如何重構測試,讓測試保持在容易理解的狀態。

在專案中,除了遊戲邏輯之外,也會使用資料庫來儲存遊戲資料以及使用 Firebase Authentication 服務來處理使用者登入,這意味著我們的測試不僅需要驗證我們自己的程式碼,還需要驗證與這些外部依賴的互動是否正確。開始學習寫測試的時候,如何處理與依賴的互動是一個困難點,也是常常會碰到的問題,但是只要了解其概念之後,就會發現事情並沒有這麼複雜。

在測試整個專案的過程中，我們會依序學到各式各樣的測試技巧與工具，協助我們解決各種測試中遇到的麻煩。

1.1.2 以各種測試為輔

本書的大部分篇幅都會放在描述「如何使用單元測試和 Widget 測試」，主要是因為這兩種測試方法更貼近開發人員的日常工作，大多由開發人員自行撰寫和維護。隨著專案的量體越來越大，這些測試的數量也會越來越多。

「單元測試」是針對軟體中最小的可測試單元進行檢查和驗證的過程。無論是函數、方法還是類別，單元測試的目的是確保這些元素在獨立於其他部分的情況下，能夠正確執行預期的行為。

「Widget 測試」則是讓我們從使用者的角度進行測試，它在不啟動整個應用程式的情況下，驗證畫面與其互動行為的正確性，確保它們在不同情境下的表現符合預期。

透過撰寫並維護這些測試，開發人員可以確保他們的程式碼在修改或增加新功能後，能夠快速地執行這些測試，確保功能仍然正確運作。這不僅可以確保軟體的品質，還可以提高開發人員的生產力，因為他們可以更有信心地進行重構或增加新功能，而不必擔心無意間破壞現有的功能。

除了使用單元測試與 Widget 測試之外，我們還會使用 Flutter 的「整合測試」來為 App 進行更完整的測試，在實際手機或模擬器上執行測試，模擬使用者真實使用 App 的情境，從而提供更貼近真實狀況的測試來驗證 App 功能的正確性。

在整合測試中，我們除了會需要學會 Widget 測試的各種用法之外，我們還會碰到許多只有在真實執行才會碰到的問題，例如：測試執行不穩定。我們也會探討如何更好地控制整合測試與其外部依賴，避免測試時好時壞的常見問題。

1.2　數字推盤遊戲

剛才提到我們選擇「數字推盤」作為我們的專案，因為它是一個相對簡單，但又包含了許多常見軟體開發元素的遊戲。這個遊戲的規則簡單，但是實現它需要考慮到使用者介面、遊戲邏輯、資料儲存等多個方面。

8	4	7
2	1	
5	3	6

▌圖 1-1　數字推盤遊戲

1.2.1　選擇數字推盤遊戲的原因

在 2022 年，Flutter 官方舉辦了一場「Flutter Puzzle Hack」的活動，鼓勵開發者們利用 Flutter 來製作各式各樣的益智遊戲。在活動中，出現了許多有創意的作品，再次證明了益智遊戲的魅力與可玩性，同時也為我們提供非常好的學習素材。由於筆者也十分喜歡各類遊戲，受到此次活動的啟發，就選擇了一個相對簡單的遊戲來作為範例專案。

1.2.2　數字推盤遊戲的起源

「數字推盤遊戲」是一種經典的拼圖遊戲，遊戲的目標是透過滑動方塊將數字依序排列整齊。遊戲開始時，數字會被隨機打亂，玩家需要透過滑動數字塊來將它們排列成由小到大的次序。

　這種遊戲最初被稱爲「15 puzzle」，是由一位在美國紐約州的郵政員 Noyes Palmer Chapman 創造。這個遊戲在 19 世紀末的幾年內，在美國引起了一場瘋狂的風潮，它的簡單性和挑戰性使得它成爲一種流行的娛樂方式，甚至這個遊戲引起了一些數學問題。

　到了 21 世紀，數字推盤遊戲已經被數位化，並在各種電子設備和線上平台上流行，它們提供了各種難度的挑戰，並且可以用來訓練邏輯思維和問題解決能力。

1.2.3　數字推盤遊戲怎麼玩

🎮 遊戲規則

◆ **規則**：你只能移動與空格相鄰的方塊到空格位置。可以向上、下、左、右移動相鄰的方塊。

◆ **目標**：透過滑動方塊，將空格移動到你需要的位置，從而達到數字由左到右、由上到下、由小到大排列整齊的目標。

🎮 遊戲流程

◆ **開始遊戲**：所有數字方塊隨機排列，但有一個空格。

◆ **移動方塊**：點擊或滑動與空格相鄰的方塊，將其移動到空格位置。

◆ **重複步驟**：不斷重複這個過程，直到數字依順序排列。

1.2.4　數字推盤遊戲的種類

　除了數字推盤之外，還有另外一種常見推盤遊戲形式是「圖片推盤」，其玩法與數字推盤一樣，不同的是畫面的數字變成了一張完整圖片的碎片，玩家需要透過滑動這些碎片來將圖片復原，這種遊戲不僅考驗玩家的邏輯思維和空間感知能力，還增添了視覺上的樂趣，因為最終拼出的圖片往往是美麗或有趣的圖案。在本書的範例專案中，除了基本的數字推盤遊戲之外，也會提供圖片推盤遊戲供玩家遊玩。

▌圖 1-2　圖片推盤遊戲

1.3 遊戲專案架構

在開始測試之前，先讓我們來簡單了解一下遊戲專案的架構。

1.3.1 領域為主，架構為輔

在《無瑕的程式碼：整潔的軟體設計與架構篇》[†1] 中，Uncle Bob 提到了好的架構應該是要讓人一眼就能看出專案在做什麼。在專案第一層目錄中，我們採用領域來區分目錄結構，以範例專案來說，就是「puzzle」與「authentication」兩個領域，

---

†1　《無瑕的程式碼：整潔的軟體設計與架構篇》，2018 年，博碩文化出版。

不過也因為這是一個學習用的奈米級專案，所以僅僅只有兩個，若是我們繼續擴充產品功能，可能就會出現不同的領域，例如：等級系統、排行榜系統等。

在每個領域目錄中，我們會區分架構目錄，分成「presentation」、「domain」、「data」等三個目錄。presentation 主要用於放置畫面相關的元件，而 domain 則主要放領域邏輯相關的類別，最後就是 data，用來放存取資料相關的類別，將所有類別依照它的功能分類，分別放在相對應的類別中，結構大致就如圖 1-3 所示（這裡只展示部分檔案內容）。

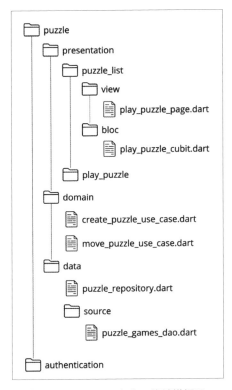

▌圖 1-3　Puzzle 專案目錄結構概況

1.3.2　分層式架構

　　在數字推盤遊戲專案中，我們採用 Android 官方推薦的架構[2]，這種架構強調了分層設計和關注點分離，使得應用程序的結構更加清楚和易於維護。除此之外，也包含了「整潔架構」（Clean Architecture）的「依賴規則」，避免內層領域邏輯直接依賴於外層細節。最後，在架構分層中主要包含三大部分：

◈ 畫面層（UI Layer）

　　畫面層負責呈現使用者介面，並處理使用者互動。它主要包含以下組成部分：

◆ UI elements：負責呈現使用者介面，在 Flutter 中，通常以 Widget 的形式存在。此層類別是透過組合不同 Widget 來建立的，這些 Widget 負責渲染各種 UI 元素，例如：文字、按鈕、圖片等。

◆ State holders（狀態容器）：顧名思義，這一層的類別負責儲存管理應用的狀態。大多時候，我們會使用狀態管理套件，例如：Bloc 或 Riverpod 等來協助管理狀態。在本書的範例專案中，我們使用 flutter_bloc 套件來管理 App 的狀態。

◈ 領域層（Domain Layer）

　　領域層負責定義應用程式的業務邏輯，它不包含 UI 或資料儲存的細節。通常是以「使用案例」（Use Case）來命名，例如：建立新的 Puzzle 的 CreatePuzzleUseCase、移動方塊的 MovTileUseCase 等。每個使用案例都代表一個獨立業務行為，並從 Repository 中取得 Puzzle 實體來執行相對應的業務行為。

---

†2　Guide to app architecture：🔗 https://developer.android.com/topic/architecture。

🎮 資料層（Data Layer）

資料層負責與資料儲存機制互動，例如：資料庫或 API。Data Layer 主要包含以下組成部分：

◆ Repository：負責與資料儲存機制進行互動，並提供適合的操作給領域層使用，隱藏資料儲存的細節，例如：資料庫操作、API 呼叫等。Repository 通常會提供抽象介面，以隱藏實作，並在需要的時候替換實作。

◆ DataSource：負責與底層資料儲存機制直接互動，例如：資料庫操作、網路請求等。

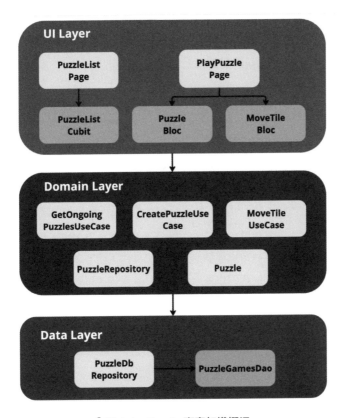

▌圖 1-4　Puzzle 專案架構概況

在專案中，以上面介紹的分層方式來處理的話，如圖 1-4 所示，主要包含了兩個頁面：「PuzzleListPage」（遊戲列表頁面）和「PlayPuzzlePage」（遊玩遊戲頁面）。這些頁面由相應的 Cubit 或 Bloc 來控制畫面的狀態與資料，其中 PuzzleListCubit 控制遊戲列表頁面的狀態，而 PuzzleBloc 和 MoveTileBloc 則負責遊玩遊戲頁面的邏輯。

進一步往下，則是與業務邏輯相關的領域層，它包含了各種處理遊戲行為的使用案例，例如：用 GetOngoingPuzzleUseCase 取得進行中的遊戲列表、用 CreatePuzzleUseCase 建立新 Puzzle 以及移動方塊的 MoveTileUseCase。

最底層則是 Data Layer，用於處理資料存取。這一層的核心是 PuzzleDb Repository，它透過 PuzzleGamesDao 來與資料庫進行互動，負責存取遊戲資料。

分層架構使得應用程式的結構更加清楚，每個層級都負責特定的功能，並且彼此之間更是提供了接縫，方便擴充和測試，提高了應用程式的可測試性，使得每個層級都可以獨立測試，而不會影響其他層級。

📷 小知識 〉 **接縫提供可測試性**

在《Working Effectively with Legacy Code 中文版》[3] 中將「接縫」描述為程式中一些特殊的點，在這些的點上你無須做任何修改，就能達到變動程式行為的目的。換句話說，接縫就是我們能夠修改或注入新行為的地方，而不需要改變其餘的程式碼。

舉例來說，一個常見的接縫是介面和實作的分離，我們可以定義一個介面，然後提供多個實作。在執行時，我們可以選擇使用哪一個實作，而不需要改變使用該介面的程式碼。除此之外，在測試中我們也可以用測試替身來替換真實的類別，讓測試得以穩定執行，這部分我們晚點會看到。

在分層架構中，各層之間的接口就是可能的接縫。這些接縫提供了靈活性，允許我們在測試時替換具體的實現，以便隔離測試環境，確保測試的穩定性和準確性。

---

[3] 《Working Effectively with Legacy Code 中文版：管理、修改、重構遺留程式碼的藝術》，2019 年，博碩文化出版。

請注意，範例專案所使用的分層架構是專為學習目的而設計，並不一定適合拿來直接套在讀者們自己公司的專案中。如果想對架構設計有更深入的了解，推薦閱讀我們剛才提到的《無瑕的程式碼：整潔的軟體設計與架構篇》，除此之外，還有像是《領域驅動設計》[4]、《實戰領域驅動設計》[5]、《Martin Fowler 的企業級軟體架構模式》[6] 等大師們的著作，也是必讀的經典。透過研究書中談到的問題與模式，再回頭檢視專案的實際需求來做相應的調整，才是比較適合的方式。

1.4　如何進行測試

1.4.1　單元測試

對 Puzzle 專案架構有基本了解之後，讓我們來聊聊將如何進行測試。首先，我們會從 Puzzle 類別開始測試，Puzzle 類別作為整個專案中最核心的部分，承載最多領域邏輯。作為最內層的類別，通常不太會有太多依賴，所以我們可以很容易對其進行單元測試，因為測試它並不需要額外的工具或框架的輔助。

接著，我們會往外測試各個使用案例，在使用案例的測試中，我們同樣還是使用單元測試，但是我們會開始碰到困難的問題（例如：如何控制依賴），以及我們也會介紹如何處理一些難以控制的情境。

---

[4]　《領域驅動設計：軟體核心複雜度的解決方法》，2019 年，博碩文化出版。

[5]　《實戰領域驅動設計：高效軟體開發的正確觀點、應用策略與實作指引》，2024 年，博碩文化出版。

[6]　《Martin Fowler 的企業級軟體架構模式：軟體重構教父傳授 51 個模式，活用設計思考與架構決策》，2022 年，博碩文化出版。

繼續往外層，我們就來到了狀態容器與 Repository 的測試。在這個部分中，我們會看到一些比較不常見的測試技巧，例如：Stream 的測試與使用記憶體資料庫來測試。

1.4.2　Widget 測試

最後，最外層的部分就是「畫面」了。在這個部分中，我們會談到本書的另外一個重點：「Widget 測試」。從 Widget 測試開始，我們的測試開始關注畫面，測試不再單純只是測試邏輯，而是需要思考「如何從使用者的角度來測試功能」。從兩個頁面的 Widget 測試中，我們會了解如何使用 Widget 測試與如何有效撰寫，除此之外，也會介紹一些 Widget 測試中常見的議題，並討論如何處理這些問題。

1.4.3　整合測試

在對 Puzzle 專案進行全面的測試之後，我們也會簡單介紹如何使用 Flutter 的整合測試來更真實測試 Puzzle，從基本的 Puzzle 整合測試開始，往外拓展加入常見的 Firebase 服務，並討論在整合測試中如何處理外部服務的問題，讓測試既保持真實性，同時又能維持穩定性。

2

CHAPTER

基礎單元測試

2.1　為什麼要寫測試

在開始介紹單元測試之前，我們先來聊聊「為什麼要寫測試」這件事情，知道「怎麼做」很重要，但是知道「為什麼要做」更重要。了解為什麼，當情境不同時，我們能從最原始的目的作為出發點來調整做法。

2.1.1　確保品質

作為專業的軟體工程師，我們的責任不僅僅是寫出可以執行的程式，我們還必須確保我們的程式碼能夠正確執行預期的功能，讓程式儘可能在各種情況下都能表現正常。

「測試」是我們的安全網，它可以幫助我們確保程式碼在修改或增加新功能後，仍然可以正確地執行。只有當我們的產品能夠穩定且正確提供預期的功能時，使用者才能從我們的產品中獲得價值。

在比較大的組織中，可能會有 QA 幫忙測試產品，但這並不代表預防 Bug 就是 QA 的責任，其實相較於 QA，開發人員應該更有義務來減少 Bug。想像一下，建築工人在蓋房子時，如果不依照標準，不依照好的施作工法，而是抱持著只要蓋完就好的心態，想著最後檢驗人員有檢驗到問題再來處理就好，對於這樣的房子，自己會住得心安嗎？

2.1.2　交付價值

「交付價值」是軟體開發的核心，無論我們的產品是一個遊戲、一個應用程式，還是一個網站，我們的目標都是為我們的使用者創造價值。如果我們的產品不能正確執行，那產品還能幫助使用者解決問題並創造價值嗎？只有把產品交付到使用者手上，讓使用者持續使用產品，幫助使用者變得更有生產力，或者是提供使用者娛樂，產品對使用者來說才有價值。

筆者以前曾經下載過一款手機遊戲，手機遊戲通常需要在下載完程式之後，打開遊戲繼續下載資源，再等了漫長時間，終於把資源也下載完之後，準備進入遊戲時，遊戲就當機關閉了。身為同樣工程師的筆者，也知道開發產品無法完全避免問題，所以我就耐心地再次打開遊戲，結果依然是當機關閉，沒有任何有效訊息讓使用者參考；在重試了幾次之後，也只能無奈移除。原本遊戲應該要提供玩家遊玩，讓玩家在遊玩的過程中產生樂趣，但是連正常執行都成了問題的遊戲，別說樂趣了，恐怕只剩下怒氣。

如果我們努力花了幾個月、甚至幾年開發的功能或產品，無法把正確的功能交付到使用者的手上，為使用者解決問題，等於之前花費的時間與金錢都付諸流水。

2.1.3　支持重構，減少技術債

在開發的過程中，程式需要仔細地維護，頻繁根據當下需求調整程式碼，維持程式碼的可讀性、可擴充性、可靠性等品質，否則我們就會持續累積「技術債」（Technical debt）。某些時候，我們很難避免因為時程壓力而累積一些技術債，但是技術債就像現實中的債務一樣，債務可以幫助我們實現目標，但是如果沒有持續清償債務，債務總有一天會反過來壓垮我們。

在軟體開發上也是同樣的，如果我們不妥善管理我們的程式碼，持續優化程式架構與簡化複雜邏輯，那麼這些未解決的問題就會像債務一樣累積起來，成為我們的技術債。最後，技術債可能導致未來的開發進程變得困難，使程式碼變得難以修改，甚至可能導致整個專案的失敗。

這就是我們需要進行測試的原因，測試不僅可以幫助我們確保功能正常，還可以支持我們進行重構，以減少技術債。我們在重構的過程中，可能會頻繁重新命名、移動方法類別、調整程式結構等,在我們進行了一系列操作之後,重新跑一下測試,我們就可以知道這次重構沒有改壞功能。

　　若我們沒有測試,那改壞的功能就無法及時被發現,可能最後是到 QA 手上,才被測出來,或者是讓使用者回報功能壞了,而更糟糕的情況則是使用者發現無法使用後,就直接刪除程式離開了。當 Bug 被發布出去,而且過了好幾天,終於有人發現 Bug 時,此時想修復可能還得花一些時間研究到底發生什麼事了。在《Applied Software Measurement》[1] 書中談到,如果問題越早發現,修復的成本越低;反之,越晚發現,則修復成本越高。

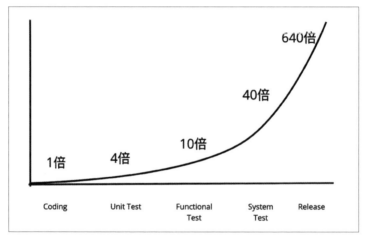

▌圖 2-1　Bug 修復成本

2.1.4　節省開發時間

　　有時開發人員知道需要寫測試,但許多外部因素使我們無法寫測試,最常見的原因是「開發時間不足」。老闆總是安排過多的工作並壓縮時程,導致時間只夠開發人員完成需求,更不用說寫測試了,那麼我們該怎麼辦呢?

---

[1]　《Applied Software Measurement》第三版,2008 年。

　　所以我們必須熟練各種測試技巧，學會在開發中實際使用測試。不需要一開始就能應付各種情況的測試，而是可以從簡單且有信心的測試開始，一步步在實戰中練習，逐漸拓展到更進階的測試，最終讓寫測試成為習慣。此外，也要善用開發工具的快捷鍵，讓工具幫助我們完成簡單重複的操作，這樣自然就有時間寫測試了。

　　當我們開始寫測試後，測試也會幫助我們節省開發時間。隨著功能越來越複雜，協作人員越來越多，程式被改壞的機會也會增加，我們可能有大量時間浪費在處理Bug上。而當我們開始寫測試，並且測試的覆蓋範圍足夠大時，測試可能在發生錯誤的第一時間就讓開發人員知道，此時測試將反過來節省處理 Bug 的時間。

2.2　Dart 單元測試

　　在軟體開發過程中，「測試」是確保程式碼品質和功能正常運作的關鍵環節。「單元測試」作為最基礎的測試類型，能讓開發者在修改程式碼後，快速執行測試並獲得回饋，確保系統的穩定性。

2.2.1　什麼是單元測試

　　「單元測試」是一種測試方法，專注於程式碼的最小部分，如函數、方法或類別，在測試中給定特定輸入，並驗證輸出是否如同預期，藉此確保程式的行為是正確的。幾乎每個語言都能寫單元測試，雖然語法或寫法上可能有所不同，但是基本概念是不變的。

　　假設我們有一個 Fibonacci 類別，類別中有一個 calculate 方法可以計算費伯納西數列第 n 個位置的結果。

```
class Fibonacci {
  int calculate(int n) {
    if (n < 2) return n;

    return calculate(n - 2) + calculate(n - 1);
  }
}
```

若想針對這個類別進行測試，那首先我們得先想想要測試哪些情境？讓我們為這個類別列舉測試幾個情境。

◆ **情境一**：當 n 為 1 時，結果應該為 1。

◆ **情境二**：當 n 為 2 時，結果應該為 1。

為什麼我們只列到 n 為 1 和 2 呢？為什麼不繼續把 0 與後續數字列完呢？以這個功能來說，顯然我們是無法列完所有測試案例的，畢竟數字是無限的；尤其是測試案例與數字相關時，我們是無法窮舉完所有情境的。雖然我們無法舉完所有測試案例，但是我們還是有一些方法可以適當處理這個問題，這部分我們會在 8.4 小節中簡單介紹到。

這裡，讓我們簡單一點，透過查看程式碼的邏輯，確保測試情境涵蓋每一條執行路徑即可。透過這兩個情境，calculate 方法中的兩個邏輯分支都被涵蓋到測試情境中，接著我們可以開始撰寫測試了。

> 🔍 **小提醒** ＞ **先射箭，再畫靶**
>
> 先寫完程式碼，針對程式碼的執行路徑來列舉測試案例，對新手來說比較容易，但是缺點就是當邏輯寫錯了，或者功能少做了某些需求，就會容易造成測試不完整的問題，變成先射箭再畫靶，所以最好還是養成習慣，從看著功能行為來列舉測試案例，而不是看著程式碼來列舉。

2.2.2　引用測試框架套件

在開始寫測試之前，我們必須確保專案已經引入了測試套件。打開專案中的
pubspec.yml 檔案，確認依賴套件中包含 flutter_test。大多時候，我們不需要自己
手動新增，因爲 Flutter 預設專案中已經包含對 flutter_test 套件的引用了；如果沒有
的話，也可以直接在 pubspec.yaml 檔案中新增。

```
dev_dependencies:
  flutter_test:
    sdk: flutter
```

> 🔎 **小提醒** ＞　引入 test 套件
>
> 假設讀者們使用 Dart 開發後端或其他類型的應用程式，例如：使用 serverpod 套件
> 開發後端應用程式，則可以透過以下指令手動加入 test 套件，讓專案支援使用單元測
> 試。
>
> ```
> dart pub add dev:test
> ```

2.2.3　新增測試檔案

在開始寫單元測試之前，我們必須先新增一個測試檔案，一個類別的測試會放在
另一個獨立檔案中，檔案名稱必須以「_test」結尾，Flutter 才能辨識這個檔案是測
試檔案；當我們執行測試時，這些以 test 結尾的測試檔案才會被執行。在預設專案
目錄底下有一個 test 的目錄，就是讓我們放置這些測試檔案的地方，新增一個
fibonacci_test.dart，如圖 2-2 所示，然後我們就可以開始寫測試了。

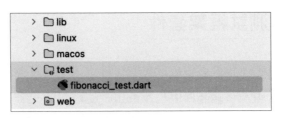

▎圖 2-2　在測試資料夾中加入 fibonacci_test.dart

2.2.4　測試的進入點

與大多數程式語言相同，Dart 的程式進入點是 main 方法，在測試中也不例外，每個測試檔案中都會有一個 main 方法，而我們會把測試寫在這個 main 方法中。在 main 方法中，我們透過引用 flutter_test 並呼叫 test 方法來定義測試，test 方法有兩個參數，第一個參數是測試描述，讓我們可以使用文字來描述這個測試的情境，第二個參數則是要傳入一個匿名方法，這個匿名方法用來實現測試實際要執行的內容。

```
import 'package:flutter_test/flutter_test.dart';

main() {
  test("n 1 should be 1", () {
    // 測試執行內容
  });
}
```

在前面的內容中，我們對 Fibonacci 類別列出了兩個測試情境，不過一個測試只會針對一個情境來測試，所以讓我們先來測試「情境一：n 為 1」吧。

2.2.5　第一個單元測試

這個測試寫起來並不複雜，短短三行測試就完成了，讓我們拆解一下測試細節。

```
test("n 1 should be 1", () async {
  final sut = Fibonacci();

  final actual = sut.calculate(1);

  expect(actual, 1);
});
```

01 ▶ 首先，我們要準備 Fibonacci 物件，Fibonacci 是我們要測試的物件。

在測試中，我們通常會稱呼待測物件為「SUT」（System Under Test），在之後不同的測試中，我們也會反覆使用這個詞。

```
final sui = Fibonacci();
```

02 ▶ 接著執行 calculate 方法，並帶入參數 1，取得回傳值。

```
final actual = sut.calculate(1);
```

03 ▶ 最後呼叫 expect 方法驗證回傳值是不是等於 1。當 actual 不等於 1 時，expect 方法會拋出例外中斷測試執行，並回報錯誤相關資訊。

```
expect(actual, 1);
```

2.2.6　3A 原則

從「準備」、「執行」到「驗證」，這三個步驟是單元測試基本的架構，也稱為「3A原則」[2]（Arrange、Act、Assert）。測試程式碼可能或長或短，但不變的是肯定會包含這三個步驟。當我們測試越寫越熟練之後，有時對於比較簡單狀況時，可能不會嚴格地按照 3A 的原則來分段，但是這並不表示 3A 就不存在了。雖然下面測試看起來只有一行，但本質上還是三個步驟。

```
test("n 1 should be 1", () async {
    expect(Fibonacci().calculate(1), 1);
});
```

有時候，當測試真的足夠簡單時，我們可能像上面那樣一行解決，但這其實也帶來不易閱讀的風險。如非必要，還是要依照 3A 步驟來區分測試階段，才是比較建議的做法。

2.2.7　使用 IDE 執行測試

測試寫好之後，就必須實際執行看看，確認測試是否正常通過無誤。有許多方法可以執行 Dart 單元測試，最簡單的方式就是透過 IDE 提供的工具來執行。以 Intellij IDEA 來說，在測試的左邊有綠色的「測試執行」按鈕，可以直接執行測試，如圖 2-3 所示。

---

[2]　3A – Arrange, Act, Assert：https://xp123.com/3a-arrange-act-assert/。

```
3 ▷▷  main() {
4       test("n 1 should be 1", () async {
5         var fibonacci = Fibonacci();
6
7         var actual = fibonacci.calculate
8
```

▌圖 2-3　IDE 上的「測試執行」按鈕

除此之外，IDE 不只一個地方可以執行測試，通常會有許多執行測試的方法，例如：我們可以在 IDE 的檔案列表中，對測試檔案按右鍵叫出選單，並從選單中執行測試，這裡就不一一列舉。

當我們按下「測試執行」按鈕後，如果測試通過，主控台視窗將顯示測試成功的訊息，如圖 2-4 所示。

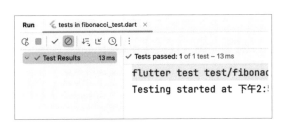

▌圖 2-4　執行測試成功

當寫完測試之後，執行測試得到「綠燈」。在 IDE 上執行測試時，通過測試會出現綠色勾勾表示測試通過，所以我們也常用「綠燈」來表示測試通過；相反的，「紅燈」就表示測試失敗。

2.2.8　使用 Flutter 指令執行測試

在日常開發時，我們比較常使用 IDE 來執行測試，因為 IDE 可以更直觀、更清楚展示測試的成功與失敗，但是有些時候我們會需要使用指令來執行測試，我們可以呼叫以下指令來執行測試。

```
flutter test
```

也可以執行特定的測試檔案，只要在 test 指令之後加上指定檔案路徑即可。

```
flutter test test/fibonacci_test.dart
```

那我們爲什麼需要用指令執行測試呢？這是因爲指令工具提供了一些額外的優勢。在遠端的自動建置系統中，我們通常會使用指令來執行測試，以最少的資源耗費進行測試。每次推送程式碼，並與其他協作者的修改合併後，建置系統就會自動抓取最新的程式碼，使用指令執行所有測試，確保所有測試都成功。

2.2.9　執行測試的時機與範圍

當我們的測試越寫越多之後，全部跑完測試可能會要花上幾分鐘。如果我們每次修改一小段程式碼後，就要花幾分鐘跑全部測試，可能會讓開發循環變得不順；但是每次修改之後不跑測試，而等到改了一大堆才跑的話，可能又會發現測試錯了很多，導致難以發現出錯原因。

爲了減緩這個問題，我們可以在修改之後，只執行與修改的程式碼比較有關的部分測試，縮小執行範圍，只要測試沒錯，我們就可以提交目前的修改。當此次預計修改的範圍差不多時，在推送到遠端之前，跑一次全部測試，確保所有功能都沒有被改壞。

使用這種方式，可以在測試數量變多、整體的執行速度變慢時，讓我們有一個折衷的方式保持開發節奏，同時確保過程中沒有弄壞任何東西。

是否發現撰寫單元測試其實並不難呢？只要我們明確測試目標、準備資料、呼叫方法並驗證結果，測試就完成了。現在，讓我們開始對 Puzzle 專案的各個部分進行測試吧。在測試不同層的類別時，我們可能會遇到各種挑戰，屆時我們將逐一說明如何應對這些困難場景。

讀者們也可以從 Puzzle 專案程式碼連結：**URL** https://github.com/easylive1989/puzzle/tree/without_auth 或 QR code 下載 Puzzle 專案，跟著範例一起練習。

2.3 Puzzle 測試：遊戲結束了嗎？

在上一小節中，我們介紹了基本的單元測試，現在讓我們針對專案中最核心的的 Puzzle 類別來寫測試吧。在寫測試之前，先來了解一下 Puzzle 類別。Puzzle 類別用主要又來表現遊戲的當下的狀態，當中有幾個重要的欄位與方法，讓我們繼續深入了解。

2.3.1 認識 Puzzle 類別

Puzzle 類別代表了一個數字推盤遊戲的模型，包含了一些基本屬性和操作。

```
class Puzzle {
  final int id;
  final List<int> tiles;
  final PuzzleType type;
  final DateTime createdAt;
  DateTime updatedAt;
```

```
bool isGameOver() {...}


void move(int tile, DateTime updatedAt) {...}


// 省略其他私有方法
}
```

屬性

◆ id：Puzzle 的唯一識別碼。

◆ tiles：數字陣列，表示 Puzzle 當前方塊的位置，每個數字對應一個 Puzzle 的方塊。這個陣列中的元素順序代表 Puzzle 的佈局。陣列中的 0 表示 Puzzle 的空白處。如果是遊戲大小為 3×3，則陣列就會是一個 0~8 的數字組成，如圖 2-5 所示。如果大小為 4×4，則陣列就會是一個 0~15 的數字組成。

◆ type：表示 Puzzle 的類型。PuzzleType 是一個 enum，表示了兩種不同類型的 Puzzle（數字推盤與圖片推盤）。

◆ createdAt：表示 Puzzle 的建立時間。

◆ updatedAt：表示 Puzzle 的最後更新時間。

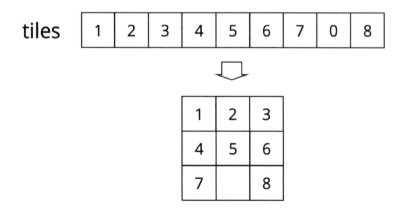

▌圖 2-5　用一維 int 陣列表示 3×3 推盤

> 🔍 **小提醒 ▷　基礎型別偏執**
>
> 如果熟悉壞味道（Code Smell）的讀者，可能已經注意到 tiles 存在「基本型別偏執」
> （Primitive Obsession）的問題。在這個數字陣列中，數字代表方塊，而陣列的位置則
> 隱含了方塊在遊戲中的位置資訊。這樣的設計可能缺乏一些可讀性，讓人難以立即掌
> 握 tiles 所包含的兩層資訊。為了解決這個問題，我們可以引入一個 Tile 類別，將方塊
> 的數字與位置明確作為物件的屬性來表達。不過，為了簡化說明，暫時保持 tiles 為數
> 字陣列的形式，以便後續示範的進行。

🎮 方法

◆ isGameOver()：用來判斷遊戲是否結束，它檢查 tiles 的排列是否符合完成狀態，
   如果是，則回傳 true，否則回傳 false。當除了 0 之外的數字由小到大排列整齊
   之後，遊戲就結束了。以 3×3 大小來說，當陣列排成 1, 2, 3, 4, 5, 6, 7, 8, 0 時，
   就表示遊戲結束，如圖 2-6 所示。

◆ move(int tile, DateTime updatedAt)：這個方法用來移動 Puzzle 中的某個方塊。
   當玩家嘗試移動一個方塊時，這個方法會更新 tiles 陣列，同時更新 updatedAt，
   以反映最新的移動時間。

▌圖 2-6　遊戲結束

認識 Puzzle 類別之後，讓我們先來測試 isGameOver 方法。

2.3.2　驗證回傳值

在開始寫測試之前，我們得先知道我們要測試哪些情境。以遊戲結束的邏輯來
說，我們可以很容易地列出兩個情境：

◆ 遊戲結束。

◆ 遊戲尚未結束。

讓我們先針對第一個情境，並按照 3A 原則來測試「遊戲結束」。

在 isGameOver 方法中，我們會檢查所有的數字方塊都已經依照順序排列，並且最後一個位置是 0 時，isGameOver 方法就會回傳 true，表示遊戲已經結束。

```
bool isGameOver() {
  return listEquals(
    tiles,
    List.generate(tiles.length - 1, (index) => index + 1) + [0],
  );
}
```

而測試的三個步驟分別如下：

◆ Arrange：準備遊戲結束的 tiles。

◆ Act：呼叫 isGameOver()。

◆ Assert：確認遊戲是否結束。

```
test("when game is over", () {
  final puzzle = Puzzle(
    id: 1,
    type: PuzzleType.number,
    tiles: const [1, 2, 3, 4, 5, 6, 7, 8, 0],
    createdAt: DateTime.parse("2024-05-31"),
    updatedAt: DateTime.parse("2024-06-01"),
  );

  final isGameOver = puzzle.isGameOver();
```

```
  expect(isGameOver, isTrue);
});
```

寫完之後，執行一下測試，測試應該會順利通過而得到綠燈。

2.3.3　使用 Matcher 驗證

可以注意到我們在 expect 的第二個參數中傳入的不是 true，而是 isTrue。那 isTrue 是什麼呢？如果追蹤 isTrue 原始碼的話，會發現 isTrue 是一個 Matcher。

```
/// A matcher that matches the Boolean value true.
const Matcher isTrue = _IsTrue();
```

在單元測試中，我們會使用 Matcher 來驗證結果，之後我們也會看到各式各樣的 Matcher，透過使用這些 Matcher，可以讓我們用口語化的方式來表達我們的預期。如果我們按照順序用中文翻譯這段程式碼 expect(isGameOver, isTrue) 的話，就會發現結果是「預期 isGameOver 是 true」。

有些讀者可能會好奇，為什麼在之前的 Fibonacci 測試中，驗證步驟可以直接寫成 expect(actual, 1)，而不需要使用 Matcher 呢？事實上，expect 方法會自動檢查傳入的參數。如果傳入的不是 Matcher 類別，expect 方法會自動使用 equals 這個 Matcher，來驗證 actual 是否等於預期值，如下方程式碼所示。

```
expect(actual, equals(1));
```

另一個「遊戲尚未結束」的情境也是類似的做法，就留給讀者們自行嘗試，這裡就不特別展示了。

> 🔍 **小提醒** ＞ 確保測試發揮作用
>
> 先把邏輯寫完，再補測試的話，我們常常會直接得到一個綠燈，但是一個直接得到綠燈的測試，我們有時很難確定這個測試會不會真的在程式改壞的時候壞掉。此時，我們可以偷偷回去把程式改壞，再跑一次測試，得到紅燈之後，我們就能確定這個測試有保護到程式，而不是一個永遠不會壞的測試。注意，「永遠不會壞的測試比沒有測試更糟糕」，它會讓開發人員有程式沒改壞的幻覺。

2.4　Puzzle 測試：移動方塊

2.4.1　認識移動方塊

測試了 isGameOver 方法之後，相信讀者們對 Puzzle 已經有了基本認識，接著我們繼續來看看移動方塊的邏輯吧。當使用者從畫面點擊某個可移動的方塊時，程式就會交換點擊的數字與空白處來達到移動方塊的效果，如圖 2-7 所示。

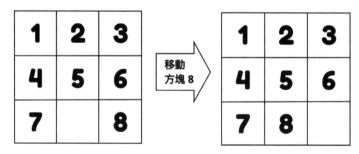

▌圖 2-7　移動方塊 8

先讓我們看看 Puzzle 類別的 move 方法，可以發現 move 方法的移動邏輯並不複雜（這邊我們先暫且忽略無法移動的狀況，晚點再回來看）。

1. 找到目標方塊與空白的位置。

2. 交換目標方塊與空白的位置。

3. 更新時間。

```
class Puzzle {
  List<int> tiles;

  // 省略其他程式碼

  void move(int tile, DateTime updatedAt) {
    final indexOfEmptyTile = tiles.indexOf(0);
    final indexOfTile = tiles.indexOf(tile);

    // 省略無法移動的處理邏輯

    _swap(indexOfEmptyTile, indexOfTile);
    _updateTime(updatedAt);
  }

  void _swap(int index1, int index2) {
    final temp = tiles[index1];
    tiles[index1] = tiles[index2];
    tiles[index2] = temp;
  }
}
```

接著讓我們看看怎麼測試這段行為，這邊我們直接測試圖 2-7 所展示的例子：「移動方塊 8，讓它往左邊移動一格」。

2.4.2　驗證狀態

在前面遊戲結束的測試中，我們呼叫了 isGameOver 方法並取得回傳值，最後驗證這個實際計算出來的結果與預期是否匹配。在移動方塊的測試中，可以注意到move 方法並沒有回傳值，那我們要怎麼驗證呢？相信這個答案對讀者來說不太困難，答案其實就是「直接驗證 Puzzle 狀態」。

我們可以直接從 Puzzle 身上的狀態中取得 tiles，透過確認 tiles 在移動之後的狀態是否和預期的一樣。這邊就讓我們直接完成它，一樣的 3A 步驟，一樣的呼叫方法，一樣的驗證結果。

```
test("move tile", () async {
  final puzzle = Puzzle(
    id: 1,
    tiles: [1, 2, 3, 4, 5, 6, 7, 0, 8],
    type: PuzzleType.number,
    createdAt: DateTime.parse("2024-05-31"),
    updatedAt: DateTime.parse("2024-05-31"),
  );

  puzzle.move(8, DateTime.parse("2024-06-01"));

  expect(puzzle.tiles, equals([1, 2, 3, 4, 5, 6, 7, 8, 0]));
  expect(puzzle.updatedAt, equals(DateTime.parse("2024-06-01")));
});
```

最後測試寫完之後，執行確認是否通過。當執行得到綠燈後，我們就完成了測試。

2.4.3　一次只測試一件事

與先前的測試有一些不同，我們可以發現 expect 有兩個。通常一個測試應該專注驗一件事情就好，那是不是我們上面兩個 expect 應該要分開不同測試呢？其實不一定，因為這兩個驗證都是在驗證移動方塊這個場景，筆者認為不算是違反這個原則。

那什麼情況才有可能算是違反這個原則呢？舉例來說，在同一個測試中，又額外驗證 isGameOver 是否為 true，就有點太多餘了，因為「遊戲是否結束」與「移動方塊」其實不一定有關係。

2.5　Puzzle 測試：移動失敗

接著我們來看看剛才暫時忽略的「無法移動」情境吧。當 PO 跟 RD 解釋需求時，通常描述時所講的都是「快樂路徑」（Happy Path）。當然我們實作的時候，最好是從這些快樂路徑開始完成，測試也是如此，我們會優先測試這些最多人使用的快樂路徑。那麼，到底什麼是「快樂路徑」呢？

2.5.1　什麼是快樂路徑

「快樂路徑」是指在一個系統中，當所有的輸入都是預期的，所有的函數都按照預期的方式執行，並且沒有任何異常或錯誤發生時的系統的執行路徑。在這條路徑上，一切都按照設計的意圖進行，沒有任何問題。在寫測試時，我們通常會先考慮所謂的「快樂路徑」，也就是當所有東西都按照我們的期望運作時的情況。

畢竟，大多數情況下，使用者最常走的都是這些「快樂路徑」，優先測試這些最常用的部分，能帶來最大的價值。然而，只測試快樂路徑並不夠，在現實世界中，軟體可能會遇到各種不可預見的情況，例如：使用者輸入錯誤的數據、網路連接中斷、硬體出現故障等，這些情況都可能導致軟體從快樂路徑上偏離，因此我們還需要考慮到各種可能的錯誤情況。

2.5.2　移動周圍沒有空位的方塊

在數字推盤遊戲中，玩家可以移動與空格相鄰的方塊，但當玩家嘗試移動一個四周都有數字包圍的方塊時，則無法移動。以圖 2-8 為例，當空格位於下方中間位置時，只有方塊 5、7、8 可以移動，而其他灰底的方塊則無法移動。

▌圖 2-8　灰底方塊無法移動

讓我們把上一小節中省略的「方塊無法移動」的邏輯給加回來。在玩家嘗試移動方塊時，程式會檢查周圍是否有空位可以移動，如果四周都已經填滿方塊的話，就拋出 PuzzleException 來中斷程式往下執行。

```
class Puzzle {
  // 省略程式碼

  void move(int tile, DateTime updatedAt) {
    var indexOfEmptyTile = tiles.indexOf(0);
    var indexOfTile = tiles.indexOf(tile);

    if (!_canMove(indexOfEmptyTile, indexOfTile)) {
      throw const PuzzleException(PuzzleErrorStatus.tileNotNearEmptyTile);
```

```
    }


    _swap(indexOfEmptyTile, indexOfTile);
    _updateTime(updatedAt);
  }


bool _canMove(int indexOfEmptyTile, int indexOfTile) {
    var rowOfEmptyTile = indexOfEmptyTile ~/ size;
    var rowOfTile = indexOfTile ~/ size;
    var columnOfEmptyTile = indexOfEmptyTile % size;
    var columnOfTile = indexOfTile % size;

    var rowDifference = (rowOfEmptyTile - rowOfTile).abs();
    var columnDifference = (columnOfEmptyTile - columnOfTile).abs();

    return rowDifference + columnDifference == 1;
    }
}
```

2.5.3　Exception 與 Error

在 Dart 中，Exception 和 Error 都是表示異常情況的，它們都是 Throwable 的子類，但是它們有些微的差別。它們的區別主要在於它們的使用情境和意圖，Exception 通常用於表示程式正常運作中可能會出現的例外情況，而 Error 則用於表示程式中不預期會發生的狀況，例如：IndexError 或是 TypeError。在我們的案例中，我們使用 Exception，因為嘗試移動無法移動數字方塊是正常遊戲過程中可能會出現的情況。

這種區分並不是強制的，但是它提供了一種有用的指導，可以幫助開發人員決定在什麼情況下應該拋出 Exception 以及在什麼情況下應該拋出 Error，當開發人員發現系統拋出錯誤時，能更快了解現在是什麼狀況。

2.5.4 測試移動方塊失敗

接下來，我們將撰寫一個單元測試來檢驗這個例外情境。當嘗試移動一個無法移動的數字塊時，我們預期 move 方法應該會拋出 PuzzleException，並包含正確的 PuzzleErrorStatus。

```
test("move tile fail when it does not near empty tile", () {
  final puzzle = Puzzle(
    id: 1,
    type: PuzzleType.number,
    tiles: [1, 2, 3, 4, 5, 6, 7, 0, 8],
    createdAt: DateTime.parse("2024-05-31"),
    updatedAt: DateTime.parse("2024-05-31"),
  );

  expect(
    () => puzzle.move(3, DateTime.parse("2024-06-01")),
    throwsA(equals(const PuzzleException(
      PuzzleErrorStatus.tileNotNearEmptyTile,
    ))),
  );
});
```

在這個測試中，儘管測試似乎分為兩個區塊，但這並不意味著它不符合「3A 原則」。測試仍然包含了「準備、執行、驗證」三個步驟，只是我們為了因應測試例外情況的語法，而做了些許的調整。由於 move 方法會直接拋出 Exception，我們無法直接在測試中執行 move 方法，否則測試就會直接中斷執行，取而代之的是，我們將執行 move 的匿名函式傳遞給 expect，由 expect 代為執行，並捕捉錯誤。

在 Matcher 部分，我們結合了 throwsA 與 equals，不僅預期 move 方法會拋出 PuzzleException，還驗證了該例外中是否包含正確的 PuzzleErrorStatus，即 Puzzle ErrorStatus.tileNotNearEmptyTile。

同樣的，我們在此只展示了一個例子。我們還可以舉出許多不同的失敗例子，例如：當空白方塊與移動方塊處於不同列時。對於移動失敗的測試，儘管情境不同，但測試方式基本相同，有興趣的讀者可以自行嘗試其他不同情境的測試。

2.5.5　測試不預期的錯誤

在移動方塊的邏輯中，當使用者移動可移動的方塊時，程式會透過操作陣列來交換空白與移動方塊的位置。在這個實作中，如果傳入的 index 參數超出陣列範圍，就會拋出 RangeError 的錯誤。

```
class Puzzle {
  // 省略程式碼

  void _swap(int index1, int index2) {
    var temp = tiles[index1];
    tiles[index1] = tiles[index2];
    tiles[index2] = temp;
  }
}
```

此時可能就有人會問：「那我們要不要測試操作陣列時噴出 RangeError 的狀況呢？」其實是不需要的。雖然操作陣列可能會拋出 RangeError 的錯誤，但是我們心中知道 index 並不是憑空產生的，而是透過陣列的 indexOf 方法取得，而且也知道在我們預期的狀況中不會出現找不到 index 的情況，所以我們很清楚這段操作陣列的程式碼不會拋出 RangeError。

萬一眞的發生了，那肯定是某些地方的程式寫錯了或不預期的狀況。對於寫錯的程式邏輯，我們應該做的就是修好它。若是眞的發生了不預期的狀況，我們對發生的原因肯定也不了解，當然也就不可能正確去事先處理，更別談測試了。

另外一個值得討論的問題是「我們是不是要預防性處理這些不預期的錯誤呢？」例如：直接用 try/catch，在可能發生的地方攔截 Error。這個問題其實沒有一定的答案，必須針對實際情況而定。因爲這已經不是單純的處理例外情境了，而是更進一步希望系統有容錯的能力，希望系統再出現不預期的錯誤時，也要能正常執行。

在一些比較需要穩定性，像是醫療或警報系統這類系統，可能會希望在系統出現不預期的狀況，也要繼續維持程式能正常執行，此時可能會在關鍵的地方加入容錯的設計。但我們的例了顯然是不太需要的，畢竟它只是個遊戲，要是眞的錯了，最糟糕的狀況就是程式當掉而已，沒有人會因此受到生命危險。

2.6 本章小結

◆ 測試可以確保軟體品質、支持重構減少技術債，並且讓開發過程更有效率，即使在修改或新增功能時，也能維持系統的穩定性。

◆ 單元測試專注於最小單位的程式碼驗證，能快速確認修改後的系統是否穩定。

◆ 最基本的單元測試方法爲呼叫類別的方法，並透過回傳值確認邏輯是否正確，並說明如何應用 3A 原則進行測試。

◆ 除了使用回傳值來驗證之外，我們也能在測試中用物件身上的狀來確認結果。

◆ 單元測試不只可以用來測試快樂路徑，也能在錯誤情境中，透過驗證方法是否拋出例外來確保功能是否符合預期。

3

CHAPTER

單元測試與測試替身

3.1 使用案例測試：取得進行中遊戲

在完成了對 Puzzle 類別的單元測試後，我們將繼續對外層的類別進行測試。在 Puzzle 專案中，領域層除了 Puzzle 之外，還包含以下幾個使用案例：GetOngoing PuzzlesUseCase、CreatePuzzleUseCase 和 MoveTileUseCase，在這三個使用案例的測試中，我們會發現測試不只是建立 SUT，然後執行方法取得結果來驗證而已。我們還需要學會控制協作類別，透過協作來設定資料，驗證與協作類別的互動。那話不多說，先讓我們先來看看 GetOngoingPuzzlesUseCase 要怎麼測試吧。

3.1.1 認識 GetOngoingPuzzlesUseCase

在測試之前，讓我們先簡單了解一下 GetOngoingPuzzlesUseCase 的功能。這個類別的行為十分簡單，它身上只有一個 get 方法；它呼叫了 PuzzleRepository 的 get 方法，從 PuzzleRepository 中讀取所有的 Puzzle，然後篩選並回傳正在進行中的 Puzzle 列表。

```
class GetOngoingPuzzlesUseCase {
  final PuzzleRepository _puzzleRepository;

  GetOngoingPuzzlesUseCase(PuzzleRepository puzzleRepository)
      : _puzzleRepository = puzzleRepository;

  Future<List<Puzzle>> get() async {
    final puzzles = await _puzzleRepository.getAll();
    return puzzles.where((puzzle) => !puzzle.isGameOver()).toList();
  }
}
```

在正式程式碼執行時，PuzzleRepository 可以透過依賴注入，將其實作從建構子注入到 GetOngoingPuzzlesUseCase。然而，在測試中，當我們自行建立 GetOngoingPuzzlesUseCase 時，沒有依賴注入工具的輔助，因此需要手動處理注入的依賴類別，此時若我們像下方程式碼那樣注入真實的類別，就會在測試執行嘗試去使用真實資料庫而失敗。

```
test("get ongoing puzzles", () async {
  AppDatabase database = AppDatabase();
  final puzzleRepository = PuzzleDbRepository(database);
  puzzleUseCase = GetOngoingPuzzlesUseCase(puzzleRepository);

});
```

想在單元測試中直接使用資料庫並非不可能，我們在 4.1 小節中會有相關的討論。這邊我們需要一個便利的方式來協助測試，此時我們就需要「測試替身」（Test Double）的幫助了。

📷 **小知識 〉 依賴注入**

在上面的例子中，我們透過建構子將 PuzzleRepository 傳入 GetOngoingPuzzlesUse Case，這種做法稱為「依賴注入」（Dependency Injection）。在正式程式碼中，依賴注入通常由套件或框架支援，當物件生成時，自動將依賴項注入到對應的物件中，或者是在執行期使用 Service Locator 模式，從依賴注入容器中動態取得依賴。

使用依賴注入，不僅提升了類別的可測試性，在建構子注入的接口處還形成了接縫，這些接縫讓我們能在測試中注入可控制的協作類別。除此之外，《依賴注入：原理、實作與設計模式》[1] 一書中提到，依賴注入在設計上還有許多優點，例如：將依賴的生命週期管理交給依賴注入框架處理，使類別的職責更單純。在 Flutter 的眾多套件中，最著名的依賴注入工具是 get_it；此外，一些狀態管理套件也附帶依賴注入的功能，例如：riverpod。

---

†1　《依賴注入：原理、實作與設計模式》，2020 年，博碩文化出版。

3.1.2　測試替身

那什麼是「測試替身」呢？在單元測試中，為了測試可以快速且重複執行，我們會需要各式各樣的假物件來協助測試執行，這些假的物件也稱為「測試替身」[†2]。常用的測試替身類型，包括 Stub、Mock、Fake、Spy、Dummy，這些不同的測試替身是為了隔離真實的依賴而存在，但使用它們的目的與時機各不相同，有些用來準備資料，有些是為了驗證互動結果，有些用起來就像真的物件一樣。

測試替身的選擇和使用，可以幫助我們精確控制測試環境，專注於特定的測試目標，避免因外部依賴的不確定性而影響測試結果，這樣不僅能提高測試的速度與可靠性，還能確保測試能夠專注於被測單元的核心邏輯和行為。在單元測試中，我們需要根據具體的測試需求來選擇合適的測試替身。

在 GetOngoingPuzzlesUseCase 類別中，它會向 PuzzleRepository 讀取所有的 Puzzle。而在測試中，我們需要準備一些 Puzzle，讓 GetOngingPuzzlesUse 可以讀取，這裡我們使用「虛設常式」（Stub）來幫助測試吧。

3.1.3　Stub 是什麼？

Stub 作為測試替身，主要目的是設定回傳的假資料給 SUT 使用，這是什麼意思呢？在測試執行過程中，當 SUT 呼叫到依賴類別的方法時，我們需要依賴類別回傳這個測試情境需要的資料，從而引導 SUT 執行特定的邏輯路徑，最後再驗證 SUT 的回傳值或狀態。

讓我們看一個現實生活中類似的例子。在設計 F1 賽車時，設計師們會利用風洞實驗來測試賽車的空氣動力效能，為什麼呢？因為他們不可能花大把時間與金錢真

---

†2　測試替身（Test Double）：http://xunitpatterns.com/Test%20Double.html。

的造出真實的車輛，讓賽車在不同狀況下試跑來獲得測試結果，否則當設計有問題時，修改後又得重新造一輛賽車，因此設計師們利用風洞來模擬不同的風速和風向，以評估賽車在各種情況下的表現。Stub 的功能就像這個風洞一樣，它允許我們控制外部環境的條件，從而測試 SUT 在不同情況下的表現。

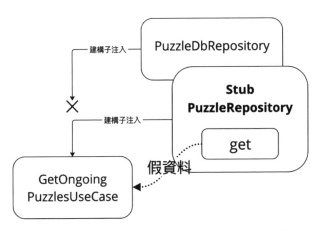

▌圖 3-1　Stub 與 GetOngoingPuzzlesUseCase 互動

　　以 GetOngoingPuzzlesUseCase 來說，在測試中，我們希望 GetOngoingPuzzles UseCase 從假的 PuzzleRepository 中取回一些包含進行中與已結束的 Puzzle 列表，這樣我們就可以測試 GetOngoingPuzzlesUseCase 是否能真的篩選出進行中的 Puzzle 列表。

　　現在，我們來嘗試自己建立一個 Stub。在測試程式碼中，我們將定義一個名為「StubPuzzleRepository」的類別，這個類別將實作 PuzzleRepository 介面。在 StubPuzzleRepository 中，我們會定義一個可由外部設定的假資料列表 puzzles 作為回傳值。

```
class StubPuzzleRepository implements PuzzleRepository {
  List<Puzzle> puzzles = [];

  @override
```

```
    Future<List<Puzzle>> getAll() async => puzzles;
}
```

這樣我們就能在測試中使用這個 Stub，來模擬 PuzzleRepository 的行為，並輕鬆控制 getAll 方法回傳的資料。

3.1.4　使用 Stub 測試

在 GetOngoingPuzzlesUseCase 的測試中，我們在 Arrange 階段設定 StubPuzzle Repository 回傳我們指定的 Puzzle 列表。這邊讓我們設定兩筆資料，一筆是正在進行中的 Puzzle，一筆是已經結束的 Puzzle。

```
final repository = StubPuzzleRepository();

puzzleRepository.puzzles = [
  // 進行中的 Puzzle
  Puzzle(
    id: 1,
    type: PuzzleType.number,
    tiles: [1, 2, 3, 4, 5, 6, 7, 0, 8],
    createdAt: createdAt,
    updatedAt: createdAt,
  ),
  // 已結束的 Puzzle
  Puzzle(
    id: 2,
    type: PuzzleType.number,
    tiles: [1, 2, 3, 4, 5, 6, 7, 8, 0],
    createdAt: createdAt,
    updatedAt: createdAt,
  ),
];
```

設定完之後，當 GetOngoingPuzzlesUseCase 實際呼叫到 StubPuzzleRepository 的
getAll 方法後，StubPuzzleRepository 就會回傳我們設定好的 Puzzle 列表，最終我
們就能驗證從 GetOngoingPuzzlesUseCase 取得的 Puzzle 列表，是否只有進行中的
Puzzle 會出現回傳的 Puzzle 列表中。

最後完整測試程式碼如下：

```
test("get ongoing puzzles", () async {
  final puzzleRepository = StubPuzzleRepository();
  final puzzleUseCase = GetOngoingPuzzlesUseCase(puzzleRepository);

  puzzleRepository.puzzles = [
    // 進行中的 Puzzle
    Puzzle(
      id: 1,
      type: PuzzleType.number,
      tiles: [1, 2, 3, 4, 5, 6, 7, 0, 8],
      createdAt: DateTime.parse("2024-06-01"),
      updatedAt: DateTime.parse("2024-06-01"),
    ),
    // 已結束的 Puzzle
    Puzzle(
      id: 1,
      type: PuzzleType.number,
      tiles: [1, 2, 3, 4, 5, 6, 7, 8, 0],
      createdAt: DateTime.parse("2024-06-01"),
      updatedAt: DateTime.parse("2024-06-01"),
    ),
  ];

  final ongoingPuzzles = await puzzleUseCase.get();

  expect(ongoingPuzzles, [
```

```
    Puzzle(
      id: 1,
      type: PuzzleType.number,
      tiles: [1, 2, 3, 4, 5, 6, 7, 0, 8],
      createdAt: DateTime.parse("2024-06-01"),
      updatedAt: DateTime.parse("2024-06-01"),
    ),
  ]);
});
```

到這邊，測試就完成了，執行後也能正確得到綠燈。

3.1.5 暴露測試變因

在上面的測試中，我們發現大部分的測試程式碼行數都被 Puzzle 的建立過程佔據，但對於這個測試來說，Puzzle 的具體內容可能並不那麼重要，因此我們可以將 Puzzle 的建立過程抽象為一個工廠方法，在這個方法中預先設定一些預設資料，並透過可選參數的方式，省去每次都必須提供完整的資料，只需在必要時提供特定值即可。

隨著測試經驗的累積，你會發現大部分的時間都花在準備資料上。如果每次測試都要重新準備大量資料，不僅繁瑣且還會增加測試中的噪音。在測試中，我們應該只暴露與當次測試直接相關的變因，並隱藏不重要的細節，這樣才能讓測試的重點更加清晰。

剛寫完測試時，我們通常會覺得測試寫得很清楚，因為當下對測試最為熟悉，但再過兩個月回來看，可能就不那麼明瞭了。以我們剛才對 GetOngoingPuzzles UseCase 的測試為例，儘管測試目的很簡單，但實現起來卻顯得繁瑣，甚至還需要透過註解來說明每個 Puzzle 是進行中還是已結束。

🔷 建立測試資料工廠方法

為了解決這些問題,我們可以抽一個 Puzzle 的工廠方法,將 Puzzle 的建立過程放到這個方法中,並設定一些合理的預設值。在方法的參數中,我們傳入各種可控制的變因,當我們在不同測試中需要使用不同資料時,就可以透過這些可選參數來傳遞。

```
Puzzle puzzle({
  int? id,
  List<int>? tiles,
  PuzzleType? type,
  DateTime? createdAt,
  DateTime? updatedAt,
}) {
  return Puzzle(
    id: id ?? 1,
    type: type ?? PuzzleType.number,
    tiles: tiles ?? [1, 2, 3, 4, 5, 6, 7, 0, 8],
    createdAt: createdAt ?? DateTime.parse("2024-05-31"),
    updatedAt: updatedAt ?? DateTime.parse("2024-06-01"),
  );
}
```

抽完 Puzzle 工廠方法之後,我們回到測試本身,就能發現測試變得簡短,只留下最重要的 tiles,因為「Puzzle 是否結束」是依照 tiles 的排列決定的,從 tiles 的排列就可以知道哪些正在進行、哪些已經結束。

```
test("get ongoing puzzles", () async {
  final puzzleRepository = StubPuzzleRepository();
  final puzzleUseCase = GetOngoingPuzzlesUseCase(puzzleRepository);
  givenPuzzleList([
```

```
  // 進行中的 Puzzle
  puzzle(tiles: [1, 2, 3, 4, 5, 6, 7, 0, 8]),
  // 已結束的 Puzzle
  puzzle(tiles: [1, 2, 3, 4, 5, 6, 7, 8, 0]),
]);

final ongoingPuzzles = await puzzleUseCase.get();

expect(ongoingPuzzles, [
  puzzle(tiles: [1, 2, 3, 4, 5, 6, 7, 0, 8]),
]);
});
```

有意義的工廠方法

其實，我們還能更精準描述測試內容。在上面的測試中，我們看到註解描述了某些方塊排列表示正在進行中的 Puzzle，而某些方塊排列表示已經結束的 Puzzle，那麼為什麼不直接在測試中表現這些狀態，而是使用註解呢？我們可以透過進一步抽取方法，將 Puzzle 工廠方法包裝在一個新的方法中，清楚地描述這是什麼樣的 Puzzle，如此我們在閱讀測試時可以直接理解：「給定一個 ongoingPuzzle 和一個 gameOverPuzzle，最終預期只會得到一個 ongoingPuzzle」，這樣能更清楚展示測試在做什麼，如下方的程式碼所示。

```
main() {
  test("get ongoing puzzles", () async {
    final puzzleRepository = StubPuzzleRepository();
    final puzzleUseCase = GetOngoingPuzzlesUseCase(puzzleRepository);
    givenPuzzleList([
      ongoingPuzzle(),
      gameOverPuzzle(),
    ]);
```

```
    final ongoingPuzzles = await puzzleUseCase.get();

    expect(ongoingPuzzles, [
      ongoingPuzzle(),
    ]);
  });
}

Puzzle ongoingPuzzle() {
  return puzzle(tiles: [1, 2, 3, 4, 5, 6, 7, 0, 8]);
}

Puzzle gameOverPuzzle() {
  return puzzle(tiles: [1, 2, 3, 4, 5, 6, 7, 8, 0]);
}
```

> 📷 **小知識 › 註解可能是一種壞味道**
>
> 當我們發現需要使用註解來解釋程式碼時,這通常表示程式碼本身還不夠清楚。在這
> 種情況下,我們應該考慮調整程式碼,以更明確表達其意圖。然而,在有些情況下,
> 註解仍然是必要的,例如:根據註解自動生成文件,或是使用註解解釋效能優化過的
> 複雜邏輯。

　　是不是開始感覺到現在的測試方式與最初的 Fibonacci 數列或 Puzzle 類別的測試
有些不同了呢?先前的測試中,只需要簡單呼叫物件的方法,並驗證狀態或回傳值
即可。而在 GetOngoingPuzzlesUseCase 的測試中,我們開始需要額外的工具來幫
助我們解決問題,不過這一切並不複雜,正是因為我們遇到了一些問題,才需要這
些工具。理解問題之後,使用這些工具自然就得心應手了。接下來,讓我們繼續探
索更多的測試吧。

3.2　使用案例測試：移動方塊

3.2.1　認識 MoveTileUseCase

接著我們第二個要測試的類別是 MoveTileUseCase。顧名思義，MoveTileUseCase 的功能是移動方塊，當使用者從畫面點擊某個可移動的方塊時，方塊就會移動到相鄰的空白處，這個我們在先前測試 Puzzle 時已經測試過了。那 MoveTileUseCase 還需要做什麼呢？

其實 MoveTileUseCase 做的事情還真不多，主要行為是從 Repository 中取出最新的 Puzzle 並移動，之後再把改變狀態後的 Puzzle 存回 Repository 中，因此 MoveTile UseCase 的設計與 GetPuzzleUseCase 類似，同樣需要注入 PuzzleRepository。

此外，MoveTileUseCase 也會檢查 Puzzle 是否已經結束，如果遊戲已經結束，則不需要進行移動，也無須更新任何資料。

```
class MoveTileUseCase {
  final PuzzleRepository _puzzleRepository;

  MoveTileUseCase(
    PuzzleRepository puzzleRepository,
  ) : _puzzleRepository = puzzleRepository;

  Future<void> move(int id, int tile) async {
    var puzzle = await _puzzleRepository.get(id);

    if (puzzle.isGameOver()) {
      return;
    }
```

```
  puzzle.move(tile, DateTime.now());

  await _puzzleRepository.save(puzzle);
 }
}
```

整段看下來之後，我們會發現 MovePuzzleUseCase 的邏輯並不複雜，我們可以很容易列出兩個測試案例：

◆ **當遊戲還沒結束時**：移動 Puzzle 並更新。

◆ **當遊戲結束時**：不更新 Puzzle。

在 GetPuzzleUseCase 的測試中，我們學會了如何使用 Stub 給假資料，讓測試走到我們預期的情境。來到 MoveTileUseCase 也是一樣，我們同樣可以使用 Stub 假設資料庫中已經存在一個 Puzzle，但是我們怎麼驗證移動過的 Puzzle 有沒有正確被更新到 Repository 中呢？

思考一下，MoveTileUseCase 並不像 GetOngoingPuzzlesUseCase 一樣，能透過方法的回傳值來確認結果，本身也沒有狀態可供驗證，那我們要驗證什麼呢？答案是「我們可以驗證 MoveTileUseCase 是否真的呼叫了 PuzzleRepository 的 save 方法」，所以我們需要一種工具，一種可以驗證 MoveTileUseCase 是否正確與 PuzzleRepository 互動的工具，此時我們需要另一個測試替身—「模擬物件」（Mock）。

3.2.2　Mock 是什麼？

那麼，Mock 是什麼呢？ Mock 是一個用來驗證 SUT 是否正確與其互動的物件。如果 SUT 正確呼叫了 Mock 上的方法，測試就會通過；反之則會失敗。當 SUT 呼叫 Mock 身上的方法時，Mock 會記錄被呼叫的次數和參數，最終我們可以使用 verify 方法來檢查 SUT 是否與 Mock 正確互動，以確保 SUT 如預期完成了它的工作。

同樣以現實生活中來舉例，在駕照路考中，考場設有各種形式的測驗道路，這些道路上配有特殊的感應管線，當車輛壓到時會發出嗶嗶聲，以模擬真實情境下撞到物體或駛入不合規的地方。這些感應管線就像是 Mock 一樣，用來替代車輛與真實場景的互動，當發生錯誤時會發出嗶嗶聲，提供即時回饋；而在測試中，當 Mock 發現互動結果與預期不符時，就讓測試失敗。

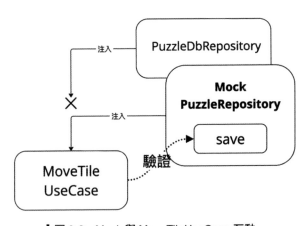

▌圖 3-2　Mock 與 MoveTileUseCase 互動

說了這麼多，那我們要怎麼製作 Mock 呢？

3.2.3　常用的測試替身套件

為了製作 Mock，我們同樣可以手刻一個 Mock 物件，就像先前手刻 Stub 一樣。除此之外，也有許多第三方套件在協助我們製作測試替身，這裡我們直接使用第三方套件。Flutter 製作測試替身的常用套件，包括 mockito [3] 與 mocktail [4]，mockito

---

[3]　mockito：https://pub.dev/packages/mockito。

[4]　mocktail：https://pub.dev/packages/mocktail。

與 mocktail 的最大不同在於「兩者製作測試替身的方式」，mocktio 需要在測試中使用 GenerateMocks 或 GenerateNiceMocks 定義測試替身類別，並使用「程式碼生成」（Code generation）的方式來產生實際的測試替身類別。

如何使用 mockito

下方的程式碼取自 mockito 說明中的例子，在這段例子中，我們會在測試的 main 方法上使用 @GenerateNiceMocks 定義 Cat 的測試替身。接著，當我們執行 build_runner 生成程式碼之後，會生成 cat.mock.dart 的測試檔案，而這個測試檔案中會定義 MockCat，我們就能在測試中使用了。

```
import 'cat.mocks.dart';

class Cat {
    String sound() => "Meow";
    bool eatFood(String food, {bool? hungry}) => true;
}

@GenerateNiceMocks([MockSpec<Cat>()])
void main() {
    final cat = MockCat();
}
```

如果我們打開自動產生的 mock 檔案來看，就會看到自動生成的 MockCat，只要我們 import 這個檔案，便能直接使用 MockCat。

```
class MockCat extends _i1.Mock implements _i2.Cat {
  @override
  String sound() => ...

  @override
```

```
bool eatFood(...) =>
    (super.noSuchMethod(
      Invocation.method(...),
      returnValue: false,
      returnValueForMissingStub: false,
    ) as bool);
}
```

如何使用 mocktail

接著我們來看 mocktail 如何做到一樣的事情。在 mocktail 中，我們需要自行在測試程式碼中定義測試替身類別，有點類似我們在測試 GetOngoingPuzzles UseCase 時，自己定義 StubPuzzleRepository 那樣，但是不用實作內容，所以實際上比自製 StubPuzzleRepository 要簡單得多。

```
class Cat {
    String sound() => 'meow!';
    bool eatFood(String food, {bool? hungry}) => true;
}

class MockCat extends Mock implements Cat {}

void main() {
    final cat = MockCat();
}
```

乍聽之下，好像 mockito 比較方便，只要定義 @GenerateNiceMocks，就能自動產生測試替身類別，但實際上在產生測試替身類別時，如果專案比較大的話，會需要花一些時間來生成程式碼，此時使用 mocktail 來手寫一下，可能還比較快。專案選擇採用哪個測試套件並沒有太大差別，可以依據團隊偏好即可。

本書中之後的例子都會使用 mocktail 來製作測試替身。除此之外，還有許多專門針對各種情況的測試替身套件，這個在後面的章節中也會介紹。

3.2.4　使用 Mock 測試

我們來看看怎麼用 Mock 輔助測試 MoveTileUseCase 吧。由於 MoveTileUseCase 的行為是先取出 Puzzle 再移動，所以在測試中我們也會需要設定假資料。這邊我們使用 mocktail 來試試吧，讀者也可以與前面章節中的 StubPuzzleRepository 比較，看看有什麼差別。

以 PuzzleRepository 來說，當我們在測試中使用 mocktail 建立了 MockPuzzle Repository 之後，可以使用 when 方法並指定要回傳假資料的方法，接著用 thenAnswer 指定回傳值。在 mocktail 中，我們可以使用 thenAnswer 或 thenReturn 方法指定方法回傳值，那兩者有什麼差別呢？主要差別在於，當方法是非同步方法時，就需要使用 thenAnswer 設定回傳值，而同步方法則是使用 thenReturn 就好。除此之外，還可以使用 thenThrow 方法來設定方法會拋出例外，在測試錯誤情境的時候，就有可能會用到 thenThrow 方法。

```
main() {
  test("should update puzzle when game is not over", () async {
    final mockPuzzleRepository = MockPuzzleRepository();

    when(() => mockPuzzleRepository.get(any())).thenAnswer((_) async {
      return Puzzle(
        id: 1,
        type: PuzzleType.number,
        tiles: [1, 2, 3, 4, 5, 6, 7, 0, 8],
        createdAt: DateTime.parse("2024-05-31"),
        updatedAt: DateTime.parse("2024-05-31"),
      );
```

```
    });
  )
}


class MockPuzzleRepository extends Mock implements PuzzleRepository {}
```

在設定的過程中，我們可以用 any 指定當 get 方法接收到任何參數時，都回傳同樣的回傳值，避免測試過於脆弱。

> 🔍 **小提醒** ＞ 使用 any vs 指定參數
>
> 除了使用 any()，我們也可以直接指定傳入特定參數時，MockPuzzleRepository 才回傳我們設定的結果。
>
> ```
> when(() => mockPuzzleRepository.get(1)).thenAnswer((_) async { … })
> ```
>
> 當 SUT 使用不對的參數時，mocktail 發現沒有對應的假資料設定，就會回傳 null，可能會造成型別不對的錯誤。有人可能會希望透過指定 Stub 方法的參數，來確保 SUT 傳入正確的參數。當 SUT 用不對的參數跟 Stub 拿資料時就噴錯，雖然這樣做能更嚴格確認 SUT 從頭到尾的執行是否正確，但可能會因為重構而導致測試壞掉，使得測試變得脆弱。

最後，使用 verify 來驗證 MockPuzzleRepository 身上的 save 方法是否有被呼叫。verify 就像 expect 一樣用來驗證結果，只是一個是用來驗證狀態，另一個則是用來驗證互動。當 verify 中指定的互動沒有發生時，verify 就會報錯來讓測試中斷。

```
verify(() => mockPuzzleRepository.save(any()));
```

完整測試程式碼如下：

```
test("should update puzzle when game is not over", () async {
    registerFallbackValue(MockPuzzle());
```

```
final mockPuzzleRepository = _MockPuzzleRepository();

final puzzleUseCase = MoveTileUseCase(mockPuzzleRepository);

when(() => mockPuzzleRepository.save(any())).thenAnswer((_) async {});

when(() => mockPuzzleRepository.get(any())).thenAnswer((_) async {
    return Puzzle(
        id: 1,
        type: PuzzleType.number,
        tiles: [1, 2, 3, 4, 5, 6, 7, 0, 8],
        createdAt: DateTime.parse("2024-05-31"),
        updatedAt: DateTime.parse("2024-05-31"),
    );
});

await puzzleUseCase.move(1, 8);

verify(() => mockPuzzleRepository.save(any()));
});
```

讀者們應該有發現，最終測試好像多了一些東西，像是我們不但作假了 Mock
PuzzleRepository 的 get 方法，也同時作假了 save 方法，這是為什麼呢？

```
when(() => mockPuzzleRepository.save(any())).thenAnswer((_) async {});
```

從 Dart 2.12 版開始，由於開始支援 Null Safety 的功能，所以任何 SUT 會呼叫到
的方法，只要不是回傳 void，我們就都需要設定回傳值，無法像其他語言的 Mock
套件一樣簡單回傳 null 就好，所以我們也必須幫 save 方法設定回傳值，否則就會遇
到型別錯誤。

除此之外，因為我們傳了 any 到本該接收 Puzzle 參數的 save 方法中，所以必須使用 registerFallbackValue[5] 註冊一個 MockPuzzle。這樣一來，mocktail 才能在使用 any() 時，比較 Puzzle 類別與傳入的參數是否相同。

```
registerFallbackValue(MockPuzzle());
```

最後執行測試得到綠燈，我們就完成了 MoveTileUseCase 的測試了…嗎？

> 🔍 **小提醒** ❯ **此 Mock 非彼 Mock**
>
> 許多測試框架名稱或方法上都有 Mock 的字眼，像是在前面的測試中，我們讓 Mock PuzzleRepository 繼承了 Mock。但實際上 MockPuzzleRepository 還是有用來設定假資料，而設定假資料的行為其實是 Stub 而不是 Mock。區分 Stub 與 Mock，最主要是讓我們可以在與其他人溝通時，更有效地指名我們腦海中想像的做法是什麼，不過其實只要團隊之間溝通順暢，最後是否使用正確名詞反倒是其次。

3.2.5　測試也需要重構

在完成 MoveTileUseCase 的測試之後，到目前為止，我們也寫了不少測試，既然我們寫了這麼多測試，我們就得花時間維護。測試並不是寫了就不會再修改，而是每當我們發現測試失敗時，又或者調整功能時，我們會一再地回來看相關的測試。

如果每次回來都要花時間去重新理解測試在幹什麼，寶貴的開發時間就浪費在這些事情上了，所以我們必須重構一下剛才寫的測試，把測試中不重要的事情隱藏起來，讓重要的事情曝露出來，讓人一眼就看懂測試在做什麼。像是我們在上一段

---

[5]　registerFallbackValue：https://pub.dev/documentation/mocktail/latest/mocktail/registerFallbackValue. html。

GetOngoingPuzzlesUseCase 的測試中，抽取 Puzzle 工廠方法的動作，其實也是一種重構。

3.2.6 setUp 與 tearDown

首先，我們可以使用 setUp 與 tearDown 來整理測試。setUp 方法是在每個測試執行之前會被呼叫到的方法，而 tearDown 則是在每個測試執行之後會被呼叫到的方法。利用 setUp，我們就能把 SUT 與依賴的設定放到 setUp 中，當其他的測試也需要同樣的設定的時候，就不必在每個測試間重複。

```
late PuzzleRepository _puzzleRepository;
late MoveTileUseCase _movePuzzleUseCase;
main() {
  setUp(() {
    registerFallbackValue(MockPuzzle());
    _puzzleRepository = MockPuzzleRepository();
    _movePuzzleUseCase = MoveTileUseCase(_mockPuzzleRepository);
  });

  test("should update puzzle when game is not over", () async {
    when(() => _puzzleRepository.save(any())).thenAnswer((_) async => 0);
    when(() => _puzzleRepository.get(any())).thenAnswer((_) async {
      return puzzle(
        id: 1,
        tiles: [1, 2, 3, 4, 5, 6, 7, 0, 8],
        updatedAt: DateTime.parse("2024-05-31"),
      );
    });

    await _movePuzzleUseCase.move(1, 8);
```

```
    verify(() => _puzzleRepository.save(any()));
  });
}
```

除了剛剛介紹的 setUp 和 tearDown 方法之外，測試框架還有提供 setUpAll 與 tearDownAll 方法；與前兩者不同的是，這兩個方法只在所有測試執行之前與之後跑一次，從圖 3-3 可以更了解執行的順序。

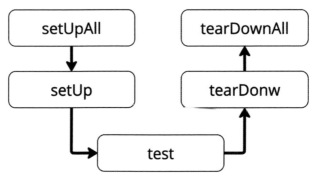

▍圖 3-3　setUp 與 tearDown 的執行順序

請注意，這邊的所有測試是指同一個檔案中的所有測試，不同檔案之間是不共享 setUpAll 與 tearDownAll 的。若是不同測試之間需要共同的 setUp 或 tearDown，也可以考慮針對內容抽取共用物件或方法。

可能有人會好奇，為什麼我們需要這麼辛苦在每次測試之前都建立新的 Mock 呢？直接在 main 方法中建立一次，並在所有測試中共用不好嗎？

```
main() {
  final puzzleRepository = MockPuzzleRepository();

  // 省略測試細節
}
```

其實這樣容易造成不同測試之間的假資料共用。假設 A 測試對 puzzleRepository 設定了一些假資料，B 測試如果沒有覆蓋掉的話，也會同樣擁有一樣的假資料，可能造成測試之間有相依關係。未來假設 A 測試不再需要而移除時，B 測試就會無預警地壞掉，所以要避免測試之間有相依關係，我們儘量在每次測試開始之前，都重新建立所有依賴，並在測試中設定所有需要的假資料，讓測試之間可以獨立執行。關於這個議題，在之後的 4.1 小節中會有更多的討論，現在讓我們繼續對測試重構吧。

3.2.7　Given-When-Then 風格

在實務上，我們可以借用 Gherkin 語法中的 Given、When、Then 來重構測試。這個語法通常用在「行為驅動開發」（Behavior-driven development，簡稱 BDD）中，但是我們也可以把它運用在單元測試裡。Given 對應 3A 原則的 Arrange，而 When 是 Act，而 Then 則是 Assert，把測試的細節封裝到方法中，用方法名稱解釋測試每一步的行為，閱讀時就能更快理解這一步驟的目的。

若我們依據此風格調整一下移動方塊的測試：

```
main() {
  test("move tile", () async {
    _givenSaveOk();
    _givenPuzzle(puzzle(
      id: 1,
      tiles: [1, 2, 3, 4, 5, 6, 7, 0, 8],
      updatedAt: DateTime.parse("2024-05-31"),
    ));

    await _whenMove(id: 1, tile: 8);

    _thenShouldSavePuzzle();
```

```
  });
}

void _thenShouldSavePuzzle() {
  verify(() => _mockPuzzleRepository.save(any()));
}

Future<void> _whenMove({required int id, required int tile}) async {
  await _puzzleUseCase.move(id, tile);
}

void _givenPuzzle(Puzzle puzzle) {
  when(() => _mockPuzzleRepository.get(any())).thenAnswer((_) async {
    return puzzle;
  });
}

void _givenSaveOk(Puzzle puzzle) {
  when(() => _mockPuzzleRepository.get(any())).thenAnswer((_) async {
    return puzzle;
  });
}
```

使用 Given-When-Then 修改一下測試之後，測試是不是變得乾淨許多了？透過方法名稱，我們可以清楚看出每一段測試的意圖：「Given 某些資料、When 執行 SUT 的方法、Then 應該發生什麼事情」。或許一開始會不太習慣，但是隨著測試越寫越多，且所有測試都重構到一致的風格，就會發現測試比較容易閱讀。

如何將測試重構至易理解的狀態，並沒有一個絕對的標準，或許有讀者會覺得 _whenMove 方法與 _thenShouldSaveAnyPuzzle 方法不抽，反而比較好理解，其實也是十分有可能的。如何重構測試沒有一定的規範，更多的是取決於團隊習慣，畢竟閱讀這些測試的是團隊，維護這些測試的也是團隊，如何增進團隊對於測試的理解速度，不同的團隊可能會有不同的方式。

當測試重構完成後，務必再次執行測試，以確保測試沒在重構的過程中弄壞。最後我們執行測試，確認測試還是綠燈，那我們完成了 MoveTileUseCase 的測試了⋯嗎？

🔎 小提醒 ›　放在 main 方法外的共用變數

讀者們可以注意到，我們的 SUT 與測試替身雖然是在 setUp 中建立實體，但是變數卻是定義在 main 方法之外，這個其實是筆者自己的習慣。由於筆者習慣使用 IDE 提供的重構工具來重構，在測試中抽取方法時，如果變數是定義在 main 方法中，可能會讓這些 SUT 或測試替身被當成方法的參數，容易造成閱讀測試的雜音，如同下方程式碼展示的那樣，除了 Puzzle 參數之外，還會多出一個 PuzzleRepository 的參數。

```
void _givenPuzzle(PuzzleRepository puzzleRepository, Puzzle puzzle) {
  when(() => _puzzleRepository.get(any())).thenAnswer((invocation) async {
    return puzzle;
  });
}
```

往下一段前進之前，還記得 MoveTileUseCase 的另外一個情境：「當遊戲結束時，不更新 Puzzle 嗎？」這裡我們快速看一下怎麼測試這個情境吧。這個情境的前半部分與更新 Puzzle 的情境差不多，只是我們需要 Stub 遊戲結束狀態的 Puzzle 而已，比較不一樣的是「我們需要想辦法確認 PuzzleRepository 的 save 沒有被呼叫」，而這部分也挺簡單的，我們只要使用 verifyNever 來驗證 PuzzleRepository 的 save 沒有被用到即可。

```
verifyNever(() => mockPuzzleRepository.save(any()))
```

這邊就不展示完整的測試案例了，有興趣的讀者可以到 Github 中查看。

3.3　使用案例測試：時間更新

3.3.1　難以測試的時間

在上一小節中，「當遊戲還沒結束時，移動 Puzzle 並更新」的測試執行雖然得到綠燈，但是其實這個測試還沒有真的完成。若我們回頭看一下最後 Mock 驗證的部分，會發現這段測試只驗證了 MoveTileUseCase 有沒有與 save 方法互動，在參數的部分則是不指定傳入什麼參數。

```
verify(() => mockPuzzleRepository.save(any()));
```

我們若嘗試把移動方塊的邏輯移除，讓程式直接把剛拿出來的 Puzzle 存回去，就會發現測試一樣會通過。

```
class MoveTileUseCase {
  Future<void> move(int id, int tile) async {
    var puzzle = await _puzzleRepository.get(id);

    if (puzzle.isGameOver()) {
        return;
    }

    // 移除移動方塊邏輯

    await _puzzleRepository.save(puzzle);
  }
}
```

顯然這個測試並沒有好好地發揮作用，所以除了驗證 MoveTileUseCase 有沒有跟 PuzzleRepository 的 save 方法正確互動之外，還必須確保傳入 save 的參數是正確的。

讓我們先來修改一下測試吧。當寫到要指定 updatedAt 的時候，我們就卡住了。在正式程式碼中，updatedAt 使用 DateTime.now() 取得當下時間，但是在測試中我們怎麼知道當下時間是什麼呢？隨著不同時間執行測試，now 方法取得的時間都不一樣啊。有人可能會覺得，不就是直接在測試中也一樣使用 DateTime.now() 就好了？如果實際嘗試，會發現行不通，因為每次 DateTime.now() 拿到的都是當下的最新時間，在兩個不同地方呼叫 DateTime.now() 所得到的時間會不同，即便時間間隔很短，也會有些微的差異。

```
test("move tile", () async {
    // 省略準備程式碼

    await puzzleUseCase.move(1, 8);

    verify(() => mockPuzzleRepository.save(Puzzle(
        id: 1,
        type: PuzzleType.number,
        tiles: [1, 2, 3, 4, 5, 6, 7, 8, 0],
        createdAt: DateTime.parse("2024-05-31"),
        updatedAt: // 該指定什麼時間？,
    )));
});
```

關於時間，我們有幾個方法可以解決問題。

3.3.2　不要驗就不會錯

我們可以選擇不驗證 updatedAt，只驗證 Puzzle 中的其他狀態；不要驗證 updatedAt，就不會有問題。「不要驗就不會有錯」聽起來很像廢話，實際上我們確實是應該考量哪些資訊對於測試來說是重要的，對於當前這個測試情境不重要的資料，是可以選擇不驗的。

假設我們選擇不驗證 updatedAt，但是想驗證方塊排列的話，可以透過 mocktail 的 captureAny 功能，將 MoveTileUseCase 與 PuzzleRepository 互動時所傳入的參數提出來額外驗證，就能只驗證更新後的方塊排列是否符合預期就好。關於 captureAny 的機制，我們會在後面的章節中用其他的例子來更詳細介紹，這邊暫且先不深入討論。

```
test("move tile", () async {
  // 省略準備資料

  await puzzleUseCase.move(1, 8);

  var puzzle = verify(() => mockPuzzleRepository
                                 .save(captureAny())).captured[0];

  expect(puzzle.tiles, [1, 2, 3, 4, 5, 6, 7, 8, 0]);
});
```

雖然如果 updatedAt 不重要的話，我們可以選擇不驗，但是在這個 MoveTile UseCase 的情境中，其實 updatedAt 還是比較重要的，我們需要確保移動方塊之後，updatedAt 有正確被更新，這樣之後使用 updatedAt 來顯示遊玩時間時才能顯示正確，所以讓我們來看看另外一個處理時間測試方法吧。

3.3.3　作假時間

另一個方法就是「作假時間」，那我們要怎麼作假時間呢？方法也不只一種，其中一個方法是「使用 clock[6] 套件」。

---

[6]　clock：https://pub.dev/packages/clock。

clock 是 Dart 官方開發的的套件，主要功能是封裝時間的使用，並且也提供可測試介面，讓我們可以在測試中植入假時間。clock 用法其實十分簡單，首先只要在程式碼中把 DateTime.now() 變成 clock.now()，接著我們就能在測試中指定 clock.now() 回傳的時間。

```
puzzle.move(tile, clock.now());
```

> 📁 小知識 ＞ **乾淨的領域程式碼**
>
> 理想上，領域層應該是儘可能隔離框架或外部套件，讓細節只留在外部，此時可能有人會認為在 clock 作為一個外部套件，不適合直接在使用案例或實體中使用，這時我們可以回到一開始隔離的目的，最初我們希望領域邏輯儘量不要因為外部細節變化而變化。
>
> 假設 clock 今天 now 方法修改了名字或簽章，那我們的領域邏輯變動原因就不只是因為領域邏輯變動了，而是會受到外部套件的影響。那若我們想做到最乾淨的話，那該怎麼處理呢？讓我們先放著它，到了 3.4 小節，再回頭看看這個問題。

在測試方面，其實只要在原本的測試最外層包 withClock，並且指定時間即可，接著執行測試，就會神奇地發現 clock.now() 取得的時間就是我們指定的時間，然後我們就能在驗證時指定任何 updateAt 的時間了。

最後在驗證的時候填入同樣時間，我們就能確保移動方塊之後，程式會拿到最新取得的 now，並更新到 Puzzle 中。

```
test("move tile", () async {
  withClock(Clock.fixed(DateTime.parse("2024-06-01")), () async {
    // 省略準備資料

    await puzzleUseCase.move(1, 8);
```

```
verify(() => mockPuzzleRepository.save(Puzzle(
  id: 1,
  type: PuzzleType.number,
  tiles: [1, 2, 3, 4, 5, 6, 7, 8, 0],
  createdAt: DateTime.parse("2024-05-31"),
  updatedAt: DateTime.parse("2024-06-01"), // 驗證上方設定的 clock 時間
)));
});
});
```

3.3.4 測試中的時間表示方式

可以注意到上面的測試中，我們使用 DateTime.parse 來表示時間：DateTime.parse("2024-06-01")，而不是 DateTime(2024, 6, 1)，或者是用 Timestamp 來表示：DateTime.fromMillisecondsSinceEpoch(1717200000000)，為什麼呢？

其實在閱讀上面這段話的時候，讀者們應該稍微能感受到一點，即第一個方式是用人類習慣的方式來表達，閱讀上最容易。而 DateTime(2024, 6, 1) 雖然也是以年月日的順序來排，看起來也挺清楚的，但是若加上時分秒而變成 DateTime(2024, 6, 1, 0, 1, 0) 的話，是不是就開始有點亂了。

相較於第一種方式，使用建構子來表達還是比較不方便閱讀，比較難第一眼就看出「現在時間」，如果當中有更多重複的數字就會有點混亂。當第二個方式都不適合，那就更別提最後一種方式了，Timestamp 本來就不是為了閱讀而設計的，鬼才看得出某個 Timestamp 表示什麼時間。

3.3.5 測試的可讀性

大多數情況下，我們都致力於撰寫清晰、易理解的程式碼，以減輕開發團隊在閱讀、理解和維護程式碼時的認知負擔。這種做法不僅提高團隊的工作效率，還降低

引入錯誤的風險。而對於測試來說也是一樣的，測試的可讀性同樣重要，容易閱讀的測試可以幫助團隊成員快速了解測試的目標、流程和預期結果，這不僅有助於更快識別問題所在，還能讓測試在未來的維護和修改中更容易被更新和擴展。

測試的主要目的是「確保程式的各個部分按照預期執行，並在程式出現問題時提供快速而明確的回饋」。如果測試程式碼難以理解，那麼當測試失敗時，開發者可能會花費更多的時間來理解測試的意圖和失敗的原因，從而降低了問題排查和修復的效率。

想像一下，當自動建置系統通知測試失敗，導致建置部署流程中斷，此時你回頭看失敗的測試，發現寫了一長串，根本看不懂在測試什麼，那又要如何修正呢？如果當下又有人急著等你把東西部署上去，是不是越發沒有耐心，想直接註解掉測試呢？

當我們寫完了程式讓測試通過，最後重構的時候，除了重構程式之外，我們也必須重構測試。重構測試除了讓之後的測試更好寫，不需要每次重複一堆相同程式碼之外，最大的優點就是「讓測試程式碼自然呈現意圖，降低閱讀測試的人的負擔」。

3.3.6　避免使用不合法的資料

在我們準備 Puzzle 資料的時候，語法上允許我們給任何可能的情況，例如：我們可以給一個 createdAt 的時間大於 updatedAt 的時間。雖然在這個測試中，我們可能並不在意 createdAt 的時間，給什麼時間並無所謂，當下也不造成什麼麻煩。

```
_givenPuzzle(puzzle(
  id: 1,
  tiles: [1, 2, 3, 4, 5, 6, 7, 0, 8],
  createdAt: DateTime.parse("2024-06-01"),
  updatedAt: DateTime.parse("2024-05-31"),
));
```

不過，要記得測試是會被閱讀的，尤其是當一個團隊新人剛進團隊還不熟悉產品的狀況下，看到這個不合法的測試資料，可能就會產生誤會，對功能產生錯誤的理解。如果可以的話，使用越貼近真實狀況的資料越好，在未來需求新增或修改的時候，也可以在未來避免一些不必要的麻煩。

3.4　使用案例測試：建立方塊

3.4.1　難以測試的隨機

剛才我們了解如何使用 clock 來協助時間相關的測試，但並非所有不可控的情況都有現成的套件來幫助測試，因此我們需要掌握更通用的處理方式。

在撰寫測試時，會遇到許多難以測試的情況，時間是其中一種情況，而另一種常見的情境則是「隨機」。為什麼「隨機」會帶來麻煩呢？試想一下，我們實作一個骰子（Dice）類別，呼叫 roll 方法會隨機回傳 1 到 6 的數字，那麼我們該如何進行測試呢？

```
class Dice {
  int roll() {
    return random.nextInt(6) + 1;
  }
}
```

當我們在測試中建立 Dice，並呼叫 roll 取得結果後，我們該如何驗證這個結果呢？畢竟，每次呼叫 roll 回傳的結果都是隨機的，我們總不能不停地執行測試，直到偶然通過一次，就算測試成功吧？這樣不僅浪費大量的測試時間，還可能導致開發人員忽視測試報錯，因為這樣的測試就像《狼來了》的故事，反覆發出假警報。

類似的情況也出現在最後一個使用案例的測試中：「CreatePuzzleUseCase」，該使用案例會生成一個隨機打亂的方塊順序的數字推盤遊戲供玩家遊玩。

3.4.2 　認識 CreatePuzzleUseCase

一樣讓我們先來看看 CreatePuzzleUseCase 的行為。CreatePuzzleUseCase 的行為很簡單：程式會隨機生成一個「有解的 Puzzle」，並將其交給 PuzzleRepository 進行儲存。

```
class CreatePuzzleUseCase {

  Future<int> create(PuzzleType type) async {
    var tiles = _generateSolvableTiles(3);

    var puzzle = _createPuzzle(type, tiles);

    return await _puzzleRepository.create(puzzle);
  }

  List<int> _generateSolvableTiles(int size) {...}
}
```

讓我們稍微解釋一下「有解的 Puzzle」的概念。由於我們隨機生成方塊陣列，無法保證每次生成的陣列都能完成遊戲。例如：如圖 3-4 所示，如果 1~6 是依照順序排列，但 8 和 7 顛倒過來，這樣的排列就無法通過正常的方塊移動來完成遊戲。

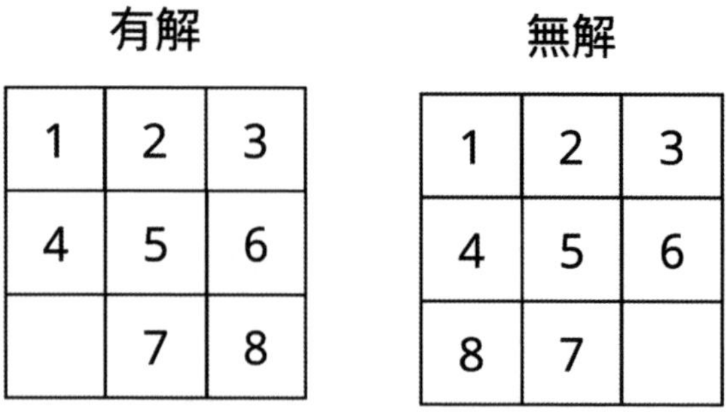

有解　　　無解

圖 3-4　有解與無解的數字推盤

　　要完成產生保證有解 Puzzle 的邏輯也挺簡單的：

01 ▶ 隨機產生一個 0~8 的方塊陣列。

02 ▶ 檢查是否有解。

03 ▶ 重複 1、2 步驟，直到產生一個有解的方塊陣列。

　　至於如何判斷 Puzzle 是否有解，就與本書的主題比較無關，這邊就暫且不多討論。我們只需要知道 CreatePuzzleUseCase 會使用 _isSolvable 方法，來檢查方塊陣列是否有解。

```
class CreatePuzzleUseCase {

  Future<int> create(PuzzleType type) async {...}

  List<int> _generateSolvableTiles(int size) {
    var tiles = _generateTiles(size);

    while (!_isSolvable(tiles, size)) {
      tiles = _generateTiles(size);
    }


    return tiles;
```

```
  }

  List<int> _generateTiles(int size) {
    var tiles = List.generate(size * size, (index) => index);
    return tiles..shuffle();
  }

  bool _isSolvable(List<int> puzzle, int size) {
    // 判斷是否有解
  }
}
```

按照上面的 CreatePuzzleUseCase 來看，我們會發現很難測試，因為測試每次隨機產生的數字順序都不同，那我們要如何準確驗證結果呢？顯然的，我們需要一種控制隨機的方式。

3.4.3 注入 TileGenerator

其實處理方法也不複雜，我們要稍微修改一下程式碼，把「隨機」的部分從 CreatePuzzleUseCase 中獨立成另一個類別，並透過建構子注入到使用案例中，讓使用案例中使用這個新類別來取得隨機方塊陣列，這樣 CreatePuzzleUseCase 就再也沒有隨機的邏輯了。

首先，建立 TileGenerator 的介面與 RandomTilesGenerator 類別，接著把原本的 _generateTiles 的邏輯放到 RandomTilesGenerator 中。

```
class CreatePuzzleUseCase {
  final PuzzleRepository _puzzleRepository;
  final TilesGenerator _tileGenerator;

  CreatePuzzleUseCase(
```

```
    PuzzleRepository puzzleRepository,
    TilesGenerator tileGenerator,
  ) : _puzzleRepository = puzzleRepository,
    _tileGenerator = tileGenerator;

  List<int> _generateTiles(int size) => _tileGenerator.generate(size * size);

  // 省略程式碼
}

abstract class TilesGenerator {
  List<int> generate(int length);
}

class RandomTilesGenerator implements TilesGenerator {
  @override
  List<int> generate(int length) {
    var list =  List.generate(length, (index) => index);
    return list..shuffle();
  }
}
```

最後透過依賴注入，將 RandomTilesGenerator 注入到 CreatePuzzleUseCase 後，
提供給畫面層的類別使用，就像下方程式碼展示的那樣。

```
void main() {
  // 省略其他依賴設定

  final createPuzzleUseCase = CreatePuzzleUseCase(
    puzzleDbRepository,
    RandomTilesGenerator(),
  );
```

```
runApp(MultiProvider(
  providers: [
    // 省略其他依賴注入

    Provider<CreatePuzzleUseCase>.value(value: createPuzzleUseCase),
  ],
  child: const MyApp(),
));
}
```

> 📷 **小知識 ›**　TileGenerator 與 TileGeneratorImpl
>
> 筆者一開始抽取這個類別時，將 TileGenerator 的實作命名為「TileGeneratorImpl」，
> 但其實這是懶惰的命名。在《Growing Object-Oriented Software, Guided by Tests》[†7]
> 書中有談論到這個問題，我們應該在實作類別的名稱上，表明它具體的實現訊息，而
> 不是簡單使用 Impl。如果真的沒有辦法找到好的命名方式，也許暗示了這個抽象的命
> 名或設計是有問題的，或許需要重新再想想。

3.4.4　測試 CreatePuzzleUseCase

當 TilesGenerator 是由建構子注入 CreatePuzzleUseCase 後，我們就有接縫可以
作假 TilesGenerator 了。在測試中，我們可以注入假的 TilesGenerator，指定
generate 方法的回傳值，就能達到控制隨機的目的了。

修改一下測試，我們 Mock 了 TilesGenerator，並指定 generate 方法產生我們指
定的方塊陣列。當 CreatePuzzleUseCase 呼叫 TilesGenerator 的 generate 方法取得的
值，就是我們在測試列表中指定的，這樣就能準確驗證建立的是 Puzzle 應該長怎
樣。

---

†7　Growing Object-Oriented Software, Guided by Tests 2009.

```
test("create puzzle", () async {
  // 省略準備程式碼

  when(() => tileGenerator.generate(any())).thenReturn([1, 2, 3, 4, 5, 6, 7, 0, 8]);

  await createPuzzleUseCase.create(PuzzleType.number);

  var puzzle = verify(() => puzzleRepository.create(captureAny())).captured[0];

  expect(puzzle.tiles, [1, 2, 3, 4, 5, 6, 7, 0, 8]);
});
```

最後執行測試確保得到綠燈，CreatePuzzleUseCase 的測試也就完成了。

3.4.5　是否測試隨機

　　當我們把 CreatePuzzleUseCase 那部分的邏輯往外抽到 RandomTilesGenerator 之後，可能有人會好奇，我們是否要再寫個測試來測試 RandomTilesGenerator 呢？但是這樣又會碰到「隨機」的問題了。當然我們也可以再抽一層，把 Random 注入到 RandomTilesGenerator 中，並在測試中也作假 Random，這樣我們就能控制 shuffle 的結果了。

```
class RandomTilesGenerator implements TilesGenerator {
  final Random _random;

  RandomTilesGenerator(Random random) : _random = random;

  @override
  List<int> generate(int length) {
    var list = List.generate(length, (index) => index);
    return list..shuffle(_random);
```

```
    }
  }
```

但是這樣做的效益並不高，而且我們若想真的控制 shuffle 的結果，我們還得深入了解一下「shuffle 如何與 Random 協作，我們才有能夠準確控制結果」。其實，這裡我們只要維持 RandomTileGenerator 的邏輯足夠簡單，簡單到幾乎不太可能被改壞的程度，我們就可以考慮不測，把寶貴的時間花費在更重要的功能邏輯上。

3.4.6 好的測試的特性之一：可重複

從使用套件控制時間到用介面隔離隨機，我們的目的都是希望測試可以重複執行，只要邏輯正確，測試就會執行成功，不會時好時壞。這裡我們就要談到單元測試的特性之一：「可重複」。

「單元測試」是我們在開發中最頻繁執行的測試，當我們修改了程式碼，可以執行單元測試驗證我們是否有改壞東西。當我們完成功能，也可以執行單元測試驗證需求是否完成。如果執行單元測試時，常常會因為其他原因造成測試失敗，例如：網路不通或者伺服器掛點，造成單元測試常常發出假警報，則會降低開發人員使用單元測試的意願。

想像一下，當有個測試時好時壞，壞的原因是執行的當下網路不通，每 100 次的執行中，90 次成功，10 次因為網路不通壞掉，當你執行第 101 次壞掉時，你是否會覺得又是網路在搞鬼，而不是程式真的改壞了，然後直接把程式碼推上去？

單元測試必須能夠重複執行，只要邏輯與測試是正確的，無論執行幾次，每次都要能正確通過；當測試不通過時，就是真的程式碼有問題，才是有效的單元測試。當我們碰到時間或隨機等不穩定因素時，我們必須將其從測試中排除，才能使測試可以重複執行。

3.4.7 動態 Stub 回傳值

在 CreatePuzzleUseCase 的建立 Puzzle 行為中，我們剛剛測試的情境是「第一次建立就建立出有解的 Puzzle」，但還有一個情境是「當第一次建出無解的 Puzzle，CreatePuzzleUseCase 應該要再嘗試重建新的 Puzzle，並再次確認是否有解」。

在前面的測試中，我們會設定 TileGenerator 的 generate 方法被呼叫到時，回傳一個有解結果，無論 CreatePuzzleUseCase 呼叫幾次 generate 方法，都是回傳剛剛設定的有解結果。以這樣的做法來說，我們無法模擬出「第一次產生無解 Puzzle，第二次才產生有解 Puzzle」的狀況，所以如果我們想測試這個情境，就需要一些小技巧來解決這個問題。

在下面的測試中，我們先用一個 puzzles 陣列定義 TileGenerator 兩次回傳的結果，接著我們一樣使用 when 設定 generate 方法的回傳值，但是在回傳的時候使用 removeAt 方法移除，並回傳第 0 個物件。

```
test("create puzzle when it generates invalid at the first", () async {
  withClock(Clock.fixed(now), () async {
    final puzzles = [
      [1, 2, 3, 4, 5, 6, 8, 7, 0],
      [1, 2, 3, 4, 5, 6, 7, 0, 8],
    ];

    when(() => mockRandomGenerator.generate(any()))
        .thenAnswer((_) => puzzles.removeAt(0));

    // 省略程式碼
  });
});
```

這樣一來，當 CreatePuzzleUseCase 第一次呼叫 TileGenerator 的 generate 方法時，就會取得 responses 中第一個無解的方塊陣列，同時呼叫 removeAt 移除無解的方塊陣列。當第二次呼叫的時候，就會得到原本 puzzles 中的第二個有解的方塊陣列，這樣我們就能成功測試 CreatePuzzleUseCase 的 while 迴圈中的邏輯了。

3.4.8　建立 TimeRepository

還記得我們先前討論過如何處理測試中的時間問題嗎？讓我們把時間往回推一點，在 3.3 小節中，我們討論了如何控制時間。那時我們使用 clock 來輔助控制時間，但是也討論到領域層依賴於外部套件的問題，那時我們可能沒有更好的辦法可以處理這個問題，但是現在我們手中有更多解法了。

與 TileGenerator 的做法相似，我們可以先建立 TimeRepository 與 LocalTimeRepository 來處理時間的取得。

```
abstract class TimeRepository {
  DateTime now();
}

class LocalTimeRepository implements TimeRepository {

  @override
  DateTime now() {
    return DateTime.now();
  }
}
```

接著我們稍微修改一下 MoveTileUseCase 的依賴，讓它引用 TimeRepository。在原本使用 clock.now() 的地方替換成 _timeRepository.now()。

```
class MoveTileUseCase {
  final PuzzleRepository _puzzleRepository;
  final TimeRepository _timeRepository;


  MoveTileUseCase(
    PuzzleRepository puzzleRepository,
    TimeRepository timeRepository,
  ) : _puzzleRepository = puzzleRepository,
      _timeRepository = timeRepository;



  Puzzle _move(Puzzle puzzle, int tile) {
    // 省略 _move 程式碼

    return puzzle.copyWith(
      tiles: newTiles,
      updatedAt: _timeRepository.now(),
    );
  }


  // 省略 MoveTileUseCase 程式碼
}
```

最後我們可以修改測試，在測試中製作 TimeRepository 的測試替身，並作一個假時間，最後執行測試得到綠燈。

```
test("move tile", () async {
  // 省略部分準備資料

  var mockTimeRepository = MockTimeRepository();
  var useCase = MoveTileUseCase(
    mockPuzzleRepository,
    mockTimeRepository,
```

```
);

// Stub 假時間
when(() => mockTimeRepository.now())
    .thenReturn(DateTime.parse("2024-06-01"));
when(() => mockPuzzleRepository.save(any())).thenAnswer((_) async {});
when(() => mockPuzzleRepository.get(any())).thenAnswer((_) async {
  return puzzle(
    id: 1,
    tiles: [1, 2, 3, 4, 5, 6, 7, 0, 8],
    updatedAt: DateTime.parse("2024-05-31"),
  );
});

// 省略執行步驟

// 省略驗證步驟
});
```

> 📁 **小知識** > **只有一個實作的介面**
>
> 有時我們會發現某些介面存在一個實作，在其他語言中，我們可能會需要介面來讓我們更容易抽換實作。但是在 Dart 中，任何不是被指定為 seal 的類別，我們都能實作，不一定要真的透過介面才能抽換實作。
>
> 當我們的介面只有一個實作的時候，可以考慮省去這個介面；當我們有需要的時候，再來抽取介面即可。以 TileGenerator 來說，只要有一個具體 TileGenerateor 類別即可。

3.5　本章小結

◆ 當 SUT 需要從依賴取得資料時，適合使用 Stub 協助測試進行。

◆ 當測試需要驗證 SUT 與依賴正確互動時，則使用 Mock 協助測試進行。

◆ 對於難以控制的「時間」與「隨機」，有時候我們可以使用第三方套件解決，有時我們則是需要抽取介面與實作，並使用依賴注入。

◆ 測試不是寫完就沒事了，而是需要重構。我們可以適當抽取共用依賴設定放到 setUp 中，也可以用 Given-When-Then 風格重構測試，來增加測試可讀性。

4

CHAPTER

其他單元測試

4.1 Repository 測試

當領域層的邏輯都測完之後，我們就往外來測試資料層的 Repository 與 UI 層的「狀態容器」類別。本章主要測試的類別包含兩個部分，一是 PuzzleRepository 的實作，也就是 PuzzleDbRepository，用於從資料庫取得 Puzzle 資料，並轉成領域實體；而另一個則是連接使用案例與畫面的狀態容器們，用於把領域實體轉換成畫面需要的資料，並暫存在記憶體中。

4.1.1 認識 PuzzleDbRepository

首先讓我們看看 PuzzleDbRepository 吧。我們前面介紹的各種使用案例都依賴 PuzzleRepository，例如：建立 Puzzle 之後要存入資料庫，或者移動方塊後要更新 Puzzle 到資料庫中，而 PuzzleDbRepository 為了支援使用案例，提供了 Puzzle 的基本存取操作。

PuzzleDbRepository 主要有四個方法，兩個用於讀取，兩個用於寫入。

◆ get(int id)：讀取單一 Puzzle。

◆ getAll()：讀取所有 Puzzle。

◆ create(Puzzle puzzle)：建立新的 Puzzle。

◆ save(Puzzle puzzle)：更新現有的 Puzzle。

說了這麼多，就讓我們來看看 PuzzleDbRepository 的內容吧。

```
class PuzzleDbRepository implements PuzzleRepository {
  final PuzzleGamesDao _puzzleGamesDao;
```

```dart
PuzzleDbRepository(PuzzleGamesDao puzzleGamesDao) :
    _puzzleGamesDao = puzzleGamesDao;


@override
Future<Puzzle> get(int id) async {
  PuzzleDbDto puzzle = await _puzzleGamesDao.get(id);
  return puzzle.toEntity();
}


@override
Future<void> save(Puzzle puzzle) async {
  _puzzleGamesDao.updatePuzzle(
    PuzzleDbDto.fromEntity(puzzle),
  );
}


@override
Future<int> create(Puzzle puzzle) async {
  return await _puzzleGamesDao.insert(
    PuzzleDbDto.fromEntity(puzzle),
  );
}


@override
Future<List<Puzzle>> getAll() async {
  List<PuzzleDbDto> puzzles = await _puzzleGamesDao.getAll();
  return puzzles.map((puzzle) {
    return puzzle.toEntity();
  }).toList();
}
}
```

　　從上面的程式碼中可發現，PuzzleDbRepository 的方法都是與 PuzzleGamesDao
互動，而且 PuzzleGameDao 也是從建構子注入而來，與先前的其他測試一樣，這
裡有個接縫可讓我們可以用注入測試替身，讓我們在測試中可以造假 PuzzleGame
Dao。

　　相信讀到這裡，大家肯定已熟悉測試替身了。使用前面章節介紹的 Stub 與
Mock，我們可以很容易完成測試，這邊我們先看看 get 方法的測試吧。

```
test("get puzzle", () async {
  final mockPuzzleGamesDao = MockPuzzleGamesDao();
  when(() => mockPuzzleGamesDao.get(any()))
      .thenAnswer((_) async => PuzzleDbDto(
            id: 1,
            type: "PuzzleType.number",
            tiles: const [1, 2, 3, 4, 5, 6, 7, 8, 0],
            createdAt: DateTime.parse("2024-06-01"),
            updatedAt: DateTime.parse("2024-06-01"),
          ));

  final repository = PuzzleDbRepository(mockPuzzleGamesDao);

  final puzzle = await repository.get(1);

  expect(
      puzzle,
      Puzzle(
        id: 1,
        type: PuzzleType.number,
        tiles: [1, 2, 3, 4, 5, 6, 7, 8, 0],
        createdAt: DateTime.parse("2024-06-01"),
        updatedAt: DateTime.parse("2024-06-01"),
      ));
});
```

在 get 方法的測試中，相信大家也能看得出來，其實與 GetOngoingPuzzlesUse
Case 的測試有些相似，都是讓 SUT 從 Stub 中取回資料，並驗證回傳結果。這個測
試最大的意義就是測試 PuzzleDbDto 取出來之後，有正確轉成 Puzzle，確認轉換過
程中沒有偷工減料。

讓我們來看看另一個方法：「save 方法的測試」。而 save 方法測試，其實也跟 get
方法的測試差不了多少，若是跟 MoveTileUseCase 的測試相比，save 方法的測試看
上去簡單一點，只是單純把傳入的 Puzzle 轉成 PuzzleDbDto 來存入 Database 而已。
主要是因為 save 方法本身沒有什麼邏輯，所以測試也相對簡單，甚至有點瑣碎。

```
test("save puzzle", () async {
  final mockPuzzleGamesDao = MockPuzzleGamesDao();
  when(() => mockPuzzleGamesDao.updatePuzzle(any()))
        .thenAnswer((_) async {});
  final repository = PuzzleDbRepository(mockPuzzleGamesDao);

  await repository.save(Puzzle(
    id: 1,
    type: PuzzleType.number,
    tiles: [1, 2, 3, 4, 5, 6, 7, 8, 0],
    createdAt: DateTime.parse("2024-06-01"),
    updatedAt: DateTime.parse("2024-06-01"),
  ));

  verify(() => mockPuzzleGamesDao.updatePuzzle(PuzzleDbDto(
      id: 1,
      type: "PuzzleType.number",
      tiles: const [1, 2, 3, 4, 5, 6, 7, 8, 0],
      createdAt: DateTime.parse("2024-06-01"),
      updatedAt: DateTime.parse("2024-06-01"),
    ))).called(1);
});
```

除了使用 Stub 和 Mock 之外，其實測試 Repository 更適合採用另一種測試替身。接下來，我們用不同的測試替身來測試 PuzzleDbRepository 的 create 方法吧。在這個測試中，我們呼叫 PuzzleDbRepository 的 create 方法建立資料之後，接著從 PuzzleDbRepository 的 get 方法取回剛才建立成功的資料並驗證。

```
main() {
  test("create puzzle", () async {
    final puzzleDbRepository = PuzzleDbRepository(FakePuzzleGamesDao());

    int id = await puzzleDbRepository.create(Puzzle(
      id: 1,
      type: PuzzleType.number,
      tiles: [1, 2, 3, 4, 5, 6, 7, 8, 0],
      createdAt: DateTime.parse("2024-06-01"),
      updatedAt: DateTime.parse("2024-06-01"),
    ));

    var puzzle = await puzzleDbRepository.get(id);
    expect(puzzle, Puzzle(
      id: 1,
      type: PuzzleType.number,
      tiles: [1, 2, 3, 4, 5, 6, 7, 8, 0],
      createdAt: DateTime.parse("2024-06-01"),
      updatedAt: DateTime.parse("2024-06-01"),
    ));
  });
}

class FakePuzzleGamesDao extends Fake implements PuzzleGamesDao {
  Map<int, PuzzleDbDto> puzzles = {};

  @override
  Future<int> insert(PuzzleDbDto puzzle) async {
    puzzles[puzzle.id] = puzzle;
```

```
    return puzzle.id;
  }


  @override
  Future<PuzzleDbDto> get(int id) async => puzzles[id]!;
}
```

注意到了嗎？與一開始我們在測試 GetOngoingPuzzlesUseCase 時一樣，我們自己手刻了一個測試替身，那時我們自己做了一個 StubPuzzleRepository 的測試替身，單純只是爲了塞假資料而已。而這次的測試替身 FakePuzzleGamesDao 好像多了一些功能，會在自己身上保存 puzzles 狀態，還提供讀取、增加、更新操作，好像一個眞的 PuzzleGamesDao 一樣。

4.1.2　假物件（Fake）是什麼？

相信聰明的讀者們有注意到，測試中的這個假類別叫做「FakePuzzleGamesDao」，也多少能猜到其中 Fake 前綴肯定是有意義的。其實 Fake 也是測試替身的一種，相較於 Stub 與 Mock，Fake 是一種眞的可以工作的簡易實作，用來替代眞正的產品程式碼。

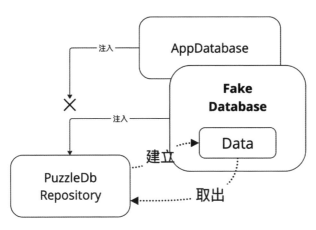

▌圖 4-1　Fake 與 PuzzleDbRepository 的互動

這就像我們在上台演講前,會先演練演講內容,並請一位朋友幫忙試聽,而這位朋友就像一個 Fake,雖然不是真正的現場觀眾,但具備觀眾的功能,可以聆聽並提供回饋。

所以在 FakePuzzleGamesDao 的例子中,我們使用 Map 來模擬資料庫的行為,讓 PuzzleDbRepository 可以真的存入與讀取資料。對 PuzzleDbRepository 來說,好像與一個真的資料庫互動一樣。

4.1.3　記憶體資料庫

在上面的例子中,我們手動刻了一個 FakePuzzleGamesDao,但是在實際工作中,我們或許可以不用這麼辛苦。以 Puzzle 專案使用的資料庫套件 drift[1] 來說,它本身就有提供記憶體資料庫。使用 drift 提供的記憶體資料庫,我們就不用手寫一個,對開發人員來說省事許多,我們用 drift 的記憶體資料庫稍微修改一下上面的 create 測試看看吧。

```
test("create puzzle by memory database", () async {
  final appDatabase = AppDatabase(NativeDatabase.memory());
  final puzzleGameDao = appDatabase.puzzleGamesDao;
  final puzzleDbRepository = PuzzleDbRepository(puzzleGamesDao);

  int id = await puzzleDbRepository.create(Puzzle(
    id: 1,
    type: PuzzleType.number,
    tiles: [1, 2, 3, 4, 5, 6, 7, 8, 0],
    createdAt: DateTime.parse("2024-06-01"),
    updatedAt: DateTime.parse("2024-06-01"),
  ));
```

---

[1]　drift:https://pub.dev/packages/drift。

```
  var puzzle = await puzzleDbRepository.get(id);

  expect(puzzle, Puzzle(
    id: 1,
    type: PuzzleType.number,
    tiles: [1, 2, 3, 4, 5, 6, 7, 8, 0],
    createdAt: DateTime.parse("2024-06-01"),
    updatedAt: DateTime.parse("2024-06-01"),
  ));
});
```

在這個測試一開始的準備階段，我們就直接建立真的 AppDatabase 出來，只不過在建構子的部分是傳入記憶體資料庫，接著將 AppDatabase 中的 PuzzleGamesDao 傳入 PuzzleDbRepository 即可。測試的剩餘部分都不需要調整，是不是十分簡單。往後遇到在複雜的資料庫操作，也不怕自己弄不出 Fake 了。

> 🔍 **小提醒** ＞ 　**在測試執行結束之後關閉 Database**
>
> 使用 drift 套件的記憶體資料庫測試之後，我們需要關閉它，以釋放資源，也避免上一個測試的資料殘留，讓每次測試都用新的資料庫。在 drift 官方文件[†2] 中，也有給出範例如下：
>
> ```
> void main() {
>   MyDatabase database;
>
>   setUp(() {
>     database = MyDatabase(NativeDatabase.memory());
>   });
> ```

---

†2　drift testing：https://drift.simonbinder.eu/docs/testing/。

```
tearDown(() async {
  await database.close();
});
}
```

4.1.4　慎選套件

如果讀者們耐心看到這邊，可發現我們也用了不少套件，像是 clock 或 drift。身為 Flutter 開發者，當我們需要某些功能，往往會先到 pub.dev 上找找有沒有合適的。如果需要的功能不是太冷門，往往會找到兩三個，此時我們就需要評估哪一個最合適。除了看套件的「受歡迎程度」和「按讚數」之外，我們也可以評估套件本身有沒有提供測試支援，若套件有提供測試用的工具，就有機會可以節省我們寫測試的時間。

除此之外，我們也可以評估一下「自己實現的成本」與「使用套件帶來後續維護的麻煩」。有些套件可能更新過慢，容易卡到專案的更新，或者有些套件十分巨大，會對專案的建置速度帶來一定的影響。

筆者曾經在套件更新上碰過一些問題，過去由於想方便省事，使用一個整合型的聊天室功能的 UI 套件，裡頭包山包海，可以傳訊息、傳圖片、影片等，結果發現建置時間直接慢了好幾分鐘，原本想說讓建置系統慢慢跑並不打緊，還是繼續用了；直到後來每次想升級 Flutter 版本時，常常因為這個套件而卡住，要花上許多額外的時間處理。

如果這個套件所提供的功能，大部分都用得到就沒什麼關係，但偏偏我們用到的是最簡單的收發訊息，不需要傳圖片、影片，等於這個套件的好意有一半都被浪費掉了，所以在使用套件之前還是要謹慎評估，不然可能只是省了現在時間，卻賠了未來維護的時間。

4.1.5 互相依賴的測試

我們剛學寫測試時，有時會偷懶想重複利用前面測試已經準備過資料。例如：在
下面這段 PuzzleDbRepository 的測試中，第一個是 create puzzle 的測試，這個測試
能夠正常通過；接著讓我們看到第二個 save puzzle 測試，在這個測試中，我們直接
假設了第一個測試執行完成後，資料庫中會有一個新的 Puzzle，所以就跳過準備資
料直接呼叫 save 方法，更新剛剛第一個測試寫入的結果。

```
main() {
  var database = AppDatabase(NativeDatabase.memory());
  var puzzleDbRepository = PuzzleDbRepository(database.puzzleGamesDao);

  test("create puzzle", () async {
    int id = await puzzleDbRepository.create(puzzle(
      tiles: [1, 2, 3, 4, 5, 6, 7, 8, 0],
      updatedAt: DateTime.parse("2024-05-31"),
    ));

    expect(
        await puzzleDbRepository.get(id),
        equals(puzzle(
          id: id,
          tiles: [1, 2, 3, 4, 5, 6, 7, 8, 0],
          updatedAt: DateTime.parse("2024-05-31"),
        )));
  });

  test("save puzzle", () async {
    await puzzleDbRepository.save(puzzle(
      id: 1,
      tiles: [1, 2, 3, 4, 5, 6, 7, 8, 0],
```

```
      updatedAt: DateTime.parse("2024-06-01"),
    ));

    expect(
      await puzzleDbRepository.get(1),
      equals(puzzle(
        id: 1,
        tiles: [1, 2, 3, 4, 5, 6, 7, 8, 0],
        updatedAt: DateTime.parse("2024-06-01"),
      )));
  });
}
```

或許有人會覺得這樣很方便，但其實這是十分危險的做法。如果我們把 save puzzle 的測試搬到 create puzzle 的測試上面的話，save puzzle 測試就會失敗，因為 create puzzle 的測試還沒跑到，所以預想已經存在的 Puzzle 也還沒建立。

這裡我們可以很明顯發現這兩個測試有相依關係，而我們要在測試中避免「相依關係」。雖然當下測試執行順序是可控的，但也不代表它永遠都可控，萬一哪天測試框架的行為改了，使得測試的執行順序變了，這些測試也會錯，而且錯還不是因為邏輯錯，而是測試框架的行為變了。

4.1.6 好的測試的特性之一：獨立

測試之間必須有獨立性，也就是 A 測試與 B 測試之間不能互相影響，不能有順序性，必須保證「A 測試先執行」或「B 測試先執行」都沒有差別。那為什麼我們需要有這項原則呢？原因也很簡單，如果 A 與 B 測試之間有相依關係，那麼 A 測試錯了，B 測試很可能也跟著出錯，導致兩個測試都錯了，開發人員可能會誤判兩個地方都有問題。

　　還記得我們在前面使用 setUp 來建立測試專用的測試替身，我們之所以把建立測試替身的事情放在 setUp，而不是放在 setUpAll 或 main 方法中，是因爲我們希望每個測試之間的關係獨立，不要每個測試都使用相同的測試替身。雖然我們也可以在 setUpAll 中建立測試替身，然後在 tearDown 中透過 mocktail 的 reset [†3] 去清除替身上的設定，但是這個做法顯然比較麻煩，不如每次建立新的測試替身即可，畢竟建立測試替身並不困難，也不會因爲多建立幾個測試替身，就嚴重拖慢測試執行速度。

```
// Bad Practice
setUpAll(() {
  _mockPuzzleRepository = _MockPuzzleRepository();
});


tearDown(() {
  reset(_mockPuzzleRepository);
});
```

4.2 狀態容器測試（上）

4.2.1 Bloc 是什麼？

　　前面我們介紹了資料層當中的 PuzzleDbRepository 的測試，我們也了解 PuzzleDbRepository 的功能是讀取資料庫中的資料，並把它轉成領域實體，讓使用

---

†3　reset of mocktail：https://pub.dev/documentation/mocktail/latest/mocktail/reset.html。

案例使用。其實並不只有 Repository 會做轉換資料的工作，狀態容器也同樣需要負責轉換工作。

在 Puzzle 專案中，我們選擇使用「Bloc」（Business Logic Component）模式作為我們的狀態容器解決方案，它除了轉換資料與保存應用程式狀態之外，也讓我們可以將 Widget 中的邏輯分離出來放到 Bloc 中，甚至放到使用案例中，避免 Widget 擁有過多的邏輯，造成後續維護的困難。

Bloc 最初是 Google 在 2018 年的 google I/O 上[4] 介紹的模式，而我們使用的 flutter_bloc[5] 套件，則是 Felix Angelov 實作這個模式的套件。使用 Bloc 將畫面與商業分開邏輯，實現職責分離，往後無論是畫面單獨變化或者商業邏輯單獨變化，兩者都不會互相干擾。

在 flutter_bloc 套件中，我們實作 Bloc 主要有兩種使用方式，一種是 Cubit，一種是 Bloc，這兩種使用方式有什麼差別呢？這邊我們簡單描述一下。

使用 Cubit

如果我們使用 Cubit，當畫面想要與 Cubit 互動時，會直接呼叫 Cubit 身上的方法，並在方法中修改 Cubit 狀態。而 Cubit 的狀態被改變後，會非同步推送最新狀態給畫面，畫面就能依據最新狀態更新。

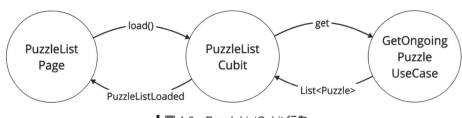

▍圖 4-2　PuzzleListCubit 行為

---

[4]　Build reactive mobile apps with Flutter (Google I/O '18)：https://www.youtube.com/watch?v=RS36g BEp8OI。

[5]　flutter_bloc：https://pub.dev/packages/flutter_bloc。

使用 Bloc

如果使用 Bloc 的話，當畫面想要與 Bloc 互動時，需要向 Bloc 推送事件。當 Bloc 收到事件之後，會呼叫該事件綁定的方法，在方法中可能會修改 Bloc 的狀態，最後跟 Cubit 一樣，都是非同步推送最新狀態通知畫面更新。

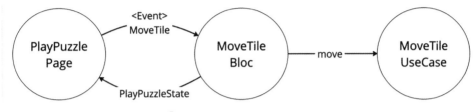

▋圖 4-3　MoveTileBloc 行為

使用上，Cubit 與 Bloc 兩者最大的差別在於「畫面如何叫狀態容器工作」，前者是直接呼叫其身上的方法，而後者則是使用推送事件的方式。在讀取 Puzzle 列表的場景中，PuzzleListCubit 會從 GetPuzzleUseCase 取得 Puzzle 列表，並轉成畫面所需要的資料放在 PuzzleListState 中，然後通知監聽的畫面更新。

📷 **小知識** ＞　**App 狀態 vs UI 狀態**

在 App 中，大多時候都要維護各式各樣的狀態，我們可以把狀態分為兩種：「App 狀態」和「UI 狀態」。UI 狀態大多與 UI 的顯示有關，這類狀態通常隨著 UI 從畫面上消失而不見；App 狀態通常與 App 本身的領域邏輯比較相關，這些狀態可能會在不同頁面之間共享，也可能隨著 App 的生命週期一起消長。

假設我們有一個按鈕，當使用者按下按鈕時，按鈕要顯示一個轉圈圈的效果，表示正在執行中。在這個例子中，我們可以使用 StatefulWidget，並在 Widget 的 State 中保存 isExecuting 的布林值狀態，這個布林值就屬於 UI 狀態，當 Button 消失時，isExecuting 狀態也隨之消失。

與此相對的是，假設我們 App 需要在各個頁面都顯示目前 User 資料，此時我們就會把 User 資料長久保存在 App 的 UserBloc 中，這樣的話，即使某個畫面關閉了，User 這個狀態還是需要存在程式中，以便其他畫面使用。

原則上，我們更傾向於在狀態容器中儲存 App 狀態，把 UI 狀態保留在 StatefulWidget 中的 State，避免讓 UI 相關的細節滲透到內層中，也比較容易控管其生命週期。

4.2.2　認識 PuzzleListCubit

在測試之前，先來看一下 PuzzleListCubit 的行為吧。PuzzleListCubit 主要在遊戲列表畫面中使用，讓我們看一下遊戲列表畫面，如圖 4-4 所示。遊戲列表畫面的主要功能是顯示正在進行中的遊戲與開始新遊戲的按鈕，讓玩家可以擇一進行遊戲。

▌圖 4-4　遊戲列表畫面

為了支援顯示遊戲列表與建立遊戲功能，PuzzleListCubit 需要兩個方法：load 與 create。

🔷 load 方法

當使用者一進入畫面就會呼叫 load()，在 load 方法中，PuzzleListCubit 使用 GetOngoingPuzzlesUseCase 取得正在進行中的遊戲列表，接著把從 GetOngoing

PuzzlesUseCase 接 收 到 的 List<Puzzle> 轉 換 成 List<PuzzleInfo>，隨 後 更 新
PuzzleListState，最後畫面收到新狀態後更新列表顯示。

為什麼我們要把 List<Puzzle> 轉 換 成 List<PuzzleInfo>，而 不 直 接 使 用 List
<Puzzle> 呢？一方面是 Puzzle 列表畫面只需要 id 與 type，避免畫面依賴它不需要
的東西，另一方面也可以避免畫面直接使用於領域實體。

🎮 create 方法

當使用者點擊畫面的「建立遊戲」按鈕時，create 方法就會被呼叫。在 create 方
法中，PuzzleListCubit 會呼叫 CreatePuzzleUseCase 建立新的遊戲，接著把建立後
的 id 直接更新進 PuzzleListState 中，最後畫面收到新狀態後更新列表顯示。

```
class PuzzleListCubit extends Cubit<PuzzleListState> {
  final GetOngoingPuzzlesUseCase _getOngoingPuzzlesUseCase;
  final CreatePuzzleUseCase _createPuzzleUseCase;

  // 省略建構子

  Future<void> create(PuzzleType type) async {
    var id = await _createPuzzleUseCase.create(type);
    emit(state.toLoaded(puzzleIds: [...state.puzzleIds, id]));
  }

  Future<void> load() async {
    emit(state.toLoading());
    var puzzles = await _getOngoingPuzzlesUseCase.get();
    emit(state.toLoaded(
      puzzleIds: puzzles.map((puzzle) => puzzle.id).toList(),
    ));
  }
}
```

相信 PuzzleListCubit 對有經驗的讀者來說並不複雜，接著讓我們來看看要怎麼測試 PuzzleListCubit 吧。

4.2.3 驗證 Cubit 狀態

其實要測試 PuzzleListCubit 也不困難，與之前學到的一樣，我們可以使用測試替身來測試，先來看看 load 方法的測試吧。

```
main() {
  test("load ongoing puzzles", () async {
    var stubPuzzleListUseCase = StubAllPuzzleUseCase();
    var dummyCreatePuzzleUseCase = DummyCreatePuzzleUseCase();
    var puzzleListCubit = PuzzleListCubit(
      stubPuzzleListUseCase,
      dummyCreatePuzzleUseCase,
    );
    when(() => stubPuzzleListUseCase.get()).thenAnswer((_) async => [
        puzzle(id: 2, type: PuzzleType.number)
      ]);

    await puzzleListCubit.load();

    expect(
      puzzleListCubit.state,
      equals(const PuzzleListState(
        status: PuzzleListStatus.loaded,
        puzzleInfos: [PuzzleInfo(id: 2, type: PuzzleType.number)],
      )),
    );
  });
}
```

```
class StubAllPuzzleUseCase extends Mock implements GetOngoingPuzzlesUseCase {}

class DummyCreatePuzzleUseCase extends Fake implements CreatePuzzleUseCase {}
```

在測試中，我們作假了 GetOngoingPuzzlesUseCase 的行為，讓它回傳一個 id 為 2 的 Puzzle。當執行 load 方法後，我們最後就能驗證 PuzzleListCubit 的 state 是否有正確遊戲列表。

在測試中，細心的讀者可能注意到在製作 CreatePuzzleUseCase 的測試替身時，我們使用了 Dummy 這個字，那什麼是 Dummy 呢？

4.2.4 虛擬物件（Dummy）

在建立 SUT 的過程中，我們會建立許多測試替身來幫忙測試，無論是給假資料或者驗證結果，但有時只是 SUT 的建構子或方法的參數需要這個依賴，實際上在測試中並沒有使用到這個依賴，使得這個依賴有給或沒給都不影響測試行為時，我們就可以建立 Dummy 給 SUT，讓程式編譯通過即可，最簡單的方式是給一個 null 或一個空物件。

在讀取遊戲列表的測試中，雖然 load 方法的測試並不需要 CreatePuzzleUseCase 的參與，但是建立 PuzzleListCubit 的過程中是需要的，所以我們還是得準備一個假的 CreatePuzzleUseCase 給它，以避免編譯失敗，而這個假的 CreatePuzzleUseCase 就是 Dummy。

> **⊙ 小提醒 ›** 準備不需要的資料
>
> 有時我們發現測試不好測，或者要準備一些這個情境無關的資料或依賴時，往往都暗示著設計可能存在一些問題。當然，發現存在這個狀況時，並不表示設計一定有問題，而是一個訊號。當發現這個訊號時，我們就應該回頭思考目前的設計是否合理，看看有沒有更好的做法。
>
> 在 PuzzleListCubit 的例子中，或許我們應該把建立新遊戲的職責從 PuzzleListCubit 中分離，獨立出一個 CreatePuzzleCubit，這樣或許是更乾淨的做法。該怎麼做並沒有一定的答案，需要考量當時的狀況與需求的變化。這邊我們認為建立新遊戲的職責並不複雜，等到建立新遊戲有更複雜的行為時，才來新增 CreatePuzzleCubit 或 Bloc 也不遲，所以決定先暫時讓它們放在一起。

4.3 狀態容器測試（下）

4.3.1 認識 PuzzleBloc

先前我們提到 Bloc 套件中有兩種主要的使用方式：「Cubit」與「Bloc」。前面我們已經介紹了如何使用單元測試來測試 Cubit，現在來談談 Bloc 的測試吧。在開始之前，我們先來看看 PuzzleBloc 的行為吧。

PuzzleBloc 主要功能是用來存放單個 Puzzle 的資料，玩家從遊戲列表頁面選擇一個遊戲，並打開遊玩遊戲頁面後，PuzzleBloc 會向 PuzzleRepository 讀取遊戲細節，以便展示在畫面上，如圖 4-5 所示。

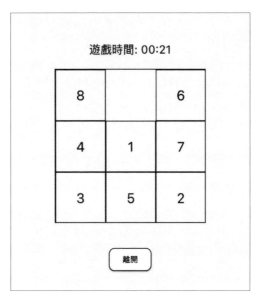

▌圖 4-5　遊玩遊戲頁面

　　還記得先前我們提到的 Cubit 與 Bloc 的分別嗎？在 Bloc 中，Widget 會向 Bloc 發送事件來觸發行爲。在 PuzzleBloc 中定義著一個事件：「LoadPuzzle」。當 Bloc 收到事件之後，就會讀取 Puzzle，並將 Puzzle 顯示在畫面上。

```
abstract class PuzzleEvent extends Equatable {}

class LoadPuzzle extends PuzzleEvent {
  final int id;

  LoadPuzzle(this.id);

  @override
  List<Object?> get props => [id];
}
```

當玩家一打開遊玩遊戲頁面，此時 PlayPuzzlePage 就會呼叫 puzzleBloc.add(LoadPuzzle()) 來發送事件。

讓我們先來看看 PuzzleBloc 的實作，在 PuzzleBloc 的建構子中會先針對每個事件註冊一個對應的處理方法。在每個事件處理方法的實作中，也沒有太多的邏輯，與 PuzzleListCubit 一樣，就是把工作委託給各個使用案例，Bloc 就專注於領域實體的轉換工作與保存狀態。若回到上一段，與 PuzzleListCubit 比較一下就會發現，其實 Cubit 與 Bloc 做法上不會差太多。

```
class PuzzleBloc extends Bloc<PuzzleEvent, PuzzleState> {
  final PuzzleRepository _puzzleRepository;

  PuzzleBloc(PuzzleRepository puzzleRepository) :
      _puzzleRepository = puzzleRepository,
      super(PlayPuzzleState.initial()) {
    on<LoadPuzzle>(_load);
  }

  Future<void> _load(event, emit) async {
    var puzzle = await _puzzleRepository.get(event.id);
    emit(state.toLoaded(PositionedPuzzle.of(puzzle)));
  }
}
```

📷 小知識 › **繞過使用案例**

這裡可能有讀者會好奇，PuzzleBloc 怎麼跳過使用案例直接存取 PuzzleRepository 呢？其實一開始是有 GetPuzzleUseCase 這個類別的，而這個類別的行為也很簡單，就只是單純使用 PuzzleRepository 讀取 Puzzle 資料，不經任何加工就回傳，只是單純委派工作給 PuzzleRepository。

```
class GetPuzzleUseCase {
  final PuzzleRepository _puzzleRepository;

  GetPuzzleUseCase(PuzzleRepository puzzleRepository)
      : _puzzleRepository = puzzleRepository;

  Future<Puzzle> get(int id) async {
    return await _puzzleRepository.get(id);
  }
}
```

在 Android Developers 開發文件的《Guide to app architecture》[†6] 文章中有提到，要是強制狀態容器必須完全透過使用案例取資料，可能會造成許多幾乎沒有什麼邏輯的冗餘類別，就像 GetPuzzleUseCase 一樣，此時可以考慮繞過使用案例直接使用 Repository。

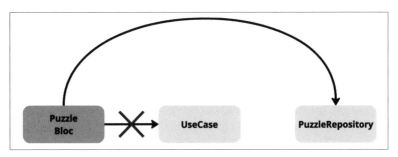

▌圖 4-6　跳過使用案例存取 Repository

但是從另一個角度來看，在《Clean Architecture 實作篇》[†7] 中也有討論類似議題，若是允許外層繞過使用案例直接取用 Repository，可能會形成破窗效應[†8]，使得越來越多 Bloc 繞過使用案例，然後 Repository 開始出現一些不屬於它應該擁有的領域邏輯。

---

†6　《Guide to app architecture》：https://developer.android.com/topic/architecture。

†7　《Clean Architecture 實作篇：在整潔的架構上弄髒你的手》，2022 年，博碩文化出版。

†8　破窗效應：https://zh.wikipedia.org/zh-tw/%E7%A0%B4%E7%AA%97%E6%95%88%E5%BA%94。

> 其實設計是一種選擇，我們可以在一開始就規定「任何 Bloc 都得透過使用案例存取資料」，但是也可以等到有邏輯出現時，再抽出適合的使用案例，這兩者沒有絕對的正確答案，而是需要根據專案架構與需求情境來決定。

4.3.2 無法驗證 Bloc 狀態

讓我們開始測試 load 的行為吧。按照之前的測試方式，準備 Puzzle 資料、呼叫 load()、接著用 expect 驗證 PuzzleBloc 中保存的 PuzzleState 是否符合預期。

```
test("load puzzle", () {
  final puzzleRepository = MockPuzzleRepository();
  final puzzleBloc = PuzzleBloc(puzzleRepository);
  when(() => puzzleRepository.get(any())).thenAnswer((_) async {
    return Puzzle(
      id: 1,
      type: PuzzleType.number,
      tiles: [1, 2, 3, 4, 5, 6, 7, 8, 0],
      createdAt: DateTime.parse("2024-06-01"),
      updatedAt: DateTime.parse("2024-06-01"),
    );
  });


  puzzleBloc.add(LoadPuzzle(1));


  expect(
      puzzleBloc.state,
      equals(PuzzleState(
        status: PuzzleStatus.loaded,
        puzzle: CurrentPuzzle(
          id: 1,
          type: PuzzleType.number,
```

```
        tiles: const [1, 2, 3, 4, 5, 6, 7, 8, 0],
        isGameOver: true,
        createdAt: DateTime.parse("2024-06-01"),
        updatedAt: DateTime.parse("2024-06-01"),
        size: 3,
      ),
    )));
});
```

最後我們會得到一個失敗的測試，在錯誤訊息中提示目前狀態處於 initial，而非預期的 loaded。

```
Expected: PuzzleState:<PuzzleState(PuzzleStatus.loaded, CurrentPuzzle(1, PuzzleType.
number, [1, 2, 3, 4, 5, 6, 7, 8, 0], true, 2024-06-01 00:00:00.000, 2024-06-01 00:
00:00.000, 3))>
  Actual: PuzzleState:<PuzzleState(PuzzleStatus.initial, null)>
```

雖然 Cubit 與 Bloc 看起來好像差不多，但測試就有一點不同了。由於操作 Bloc 的方式並非直接透過呼叫方法，而是使用 Stream 發送事件，所以在測試中我們沒有辦法像之前那樣做，也就是無法先執行目標方法後驗證狀態。

在先前的測試中，無論是使用案例的測試還是 Repository 的測試，我們都是先呼叫執行方法，等待執行方法結束之後，再驗證狀態或用 Mock 驗證互動，即使方法本身是非同步的，我們也可以用 await 去等結果回來。但是在 Bloc 的測試中，當呼叫完 puzzleBloc.add(LoadPuzzle()) 發送事件後，測試會立刻往下執行 expect 的部分，這時 PuzzleBloc 裡的 _load 方法還沒被執行到，狀態就還是維持在 initial。

更何況 Bloc 的 add 方法是回傳 void，所以我們也無法使用 await 等 PuzzleBloc 中的 _load 方法執行完才執行 expect 驗證，那我們要怎麼辦呢？這邊先讓我們簡單介紹一下 Dart 的非同步機制。

4.3.3　Dart 非同步機制

在 Dart 中，我們可以使用 Future 或 Stream 來達到非同步的操作。比如像下面這段程式碼，我們可以用 Future.delayed 來延遲某段工作的執行，而實際在底層發生的事情是，Dart 會在 3 秒之後，把設定在 Future.delayed 中的工作放到一個「Event Queue」裡頭（這裡的 Event 與 Bloc 的事件指的是不同東西）。

```
Future.delayed(const Duration(seconds: 3), () => print("hello"));
```

在這個機制中，還有一個稱爲「Event Loop」的角色，Event Loop 負責執行 Event Queue 中的工作，只要當 Event Loop 手上沒有工作，就會嘗試從 Event Queue 中拉出第一個工作出來執行。

在 Bloc 的例子中，當 puzzleBloc.add(LoadPuzzle()) 被執行後，LoadPuzzle 事件並不是馬上就被 Bloc 收到，而是會把送出 Event 的工作放到 Queue 中。接著，等到目前的工作處理完，也就是正在執行的測試方法執行完，LoadPuzzle 事件才會眞的被送出去，Bloc 才會收到 LoadPuzzle 事件，也才會開始讀取 Puzzle 資料，所以使用上面的測試方式，我們才會抓到 initial 的狀態，而不是 loading 或 loaded 狀態。

這裡我們非常粗略解釋了 Dart 非同步機制如何工作，實際上這套機制還包含許多細節，像是當 Event Loop 沒工作時，實際上是先執行 microtask，再來才是其他的工作，想了解更詳細的讀者可以參考官方文件[9]。了解爲什麼原本的測試會錯誤之後，讓我們稍微修改一下測試吧。

---

[9]　Concurrency and isolates：https://docs.flutter.dev/perf/isolates。

4.3.4 Stream 測試

當我們呼叫完 Bloc 的 add 方法後，LoadPuzzle 事件會被送進 PuzzleBloc 的「事件 Stream」中。而 PuzzleBloc 還有另外一個「狀態 Stream」，當讀取 Puzzle 成功之後，就會透過狀態 Stream 推送新的 PuzzleState 給畫面。

為了驗證是否有正確發送新的 PuzzleState，這裡我們需要使用驗證 Stream 專用的 Matcher，用來驗證 Bloc 是否在處理 LoadPuzzle 事件後，有正確發送正確的狀態。

```
test("load puzzle", () async {
  // 省略準備程式碼

  puzzleCubit.add(LoadPuzzle());

  expect(
    puzzleBloc.stream,
    emits(
      PuzzleState(
        status: PuzzleStatus.loaded,
        puzzle: PositionedPuzzle(
          id: 1,
          type: PuzzleType.number,
          tiles: const [1, 2, 3, 4, 5, 6, 7, 8, 0],
          isGameOver: true,
          createdAt: DateTime.parse("2024-06-01"),
          updatedAt: DateTime.parse("2024-06-01"),
          puzzleSize: 3,
        ),
      ),
    ));
});
```

在修改後的 PuzzleBloc 測試中，可以發現我們在測試中使用了 emits 這個 Matcher，來驗證 PuzzleBloc 的狀態 Stream 是否有如預期發送新的 PuzzleState。當我們在測試中使用 emits 時，測試會持續等待 Stream 推送狀態，收到狀態後就會驗證收到的東西是否與預期相符，並不會像先前測試一樣，一執行完所有測試內容就結束。不過需要注意的是，若是 Stream 在測試過程中完全沒有推送新的狀態時，測試就會一直等待下去，讓測試無法正常結束。

此外，先前的 PuzzleListCubit 的狀態也是透過 Stream 發送，所以其實可以使用 emits 來測試。

```
test("load puzzle list", () {
  var mockPuzzleListUseCase = MockAllPuzzleUseCase();
  var mockCreatePuzzleUseCase = MockCreatePuzzleUseCase();
  var puzzleListCubit = PuzzleListCubit(
    mockPuzzleListUseCase,
    mockCreatePuzzleUseCase,
  );
  when(() => mockPuzzleListUseCase.get()).thenAnswer((invocation) async {
    return [puzzle(id: 1, type: PuzzleType.number)];
  });

  _puzzleListCubit.load();

  expect(
    puzzleListCubit.stream,
    emits(
      const PuzzleListState(
        status: PuzzleListStatus.loaded,
        puzzleInfos: [PuzzleInfo(id: 1, type: PuzzleType.number)],
      ),
    ),
  );
});
```

　相反的，我們也可以用一些小技巧在測試中直接驗證 PuzzleBloc 的狀態，而非驗證狀態 Stream 是否有發送新狀態。在下面的測試中，我們使用了 Future.delayed(Duration.zero) 來技巧性延後驗證時機。使用 Future.delayed(Duration.zero) 可以讓測試的工作暫時中斷，讓 PuzzleBloc 有機會接收 LoadPuzzle 事件並執行，我們也就能在 Future.delayed(Duration.zero) 之後直接驗證 PuzzleBloc 的狀態。

```
test("load puzzle", () async {
  // 省略準備資料

  _puzzleBloc.add(LoadPuzzle(1));

  await Future.delayed(Duration.zero);

  expect(
    _puzzleBloc.state,
    PuzzleState(
      status: PuzzleStatus.loaded,
      puzzle: CurrentPuzzle(
        id: 1,
        type: PuzzleType.number,
        tiles: const [1, 2, 3, 4, 5, 6, 7, 8, 0],
        isGameOver: true,
        createdAt: DateTime.parse("2024-06-01"),
        updatedAt: DateTime.parse("2024-06-01"),
        size: 3,
      ),
    )
  );
});
```

在我們介紹 Bloc 測試之後，讀者們其實可以發現 Bloc 有滿多種測試方式，可以根據需求選擇自己做或是用專用的測試套件，例如：bloc_test[10]。不過，Bloc 只是 Flutter 眾多狀態管理套件之中的一個，肯定有許多開發者不是使用 Bloc，而是使用 riverpod 或其他的狀態管理套件。

與前面章節提到的一樣，選擇套件的時候真的需要慎選，尤其是狀態管理套件更需要謹慎，因為狀態管理套件幾乎會大範圍的專案中使用。萬一選擇了一個不好測試，甚至無法測試的套件，可能會因此造成其他測試也一起變得麻煩。

Stream 測試並非只能用在 Bloc 的測試中，在開發 Flutter 程式的過程中，我們也多多少少會使用到 Stream 來非同步發送事件，使用 emits，可以讓我們簡單有效地測試 Stream 相關的行為。

4.4 善用不同的 Matcher

Flutter 測試中預設提供許多 Matcher，除了最基本的 equals，還有像前面介紹到的 isTrue、emits，這些都是 Matcher，這可以用來驗證結果之外，也能讓驗證語句提供更清楚的意圖。而在 Puzzle 專案最後一個狀態容器「MoveTileBloc」的測試中，我們會看到更多不同的 Matcher。

4.4.1 認識 MoveTileBloc

MoveTileBloc 用於處理移動方塊的行為，與其他狀態容器差不多，主要的工作是接收來自畫面的移動方塊事件，並呼叫 MoveTileUseCase 來移動方塊。當移動方塊

---

[10] bloc_test：https://pub.dev/packages/bloc_test。

成功時，修改狀態為成功，並通知畫面顯示相關訊息；當移動失敗時，使用 try/
catch 攔截移動失敗例外，修改狀態為失敗，並讓畫面顯示錯誤訊息，使玩家知道
發生了什麼事。

```
class MoveTileBloc extends Bloc<MoveTileEvent, MoveTileState> {
  final MoveTileUseCase _moveTileUseCase;

  MoveTileBloc(MoveTileUseCase moveTileUseCase)
      : _moveTileUseCase = moveTileUseCase,
        super(MoveTileState.success()) {
    on<MoveTile>(_move);
  }

  Future<void> _move(event, emit) async {
    try {
      await _moveTileUseCase.move(event.id, event.tile);
      emit(MoveTileState.success());
    } on PuzzleException {
      emit(MoveTileState.fail());
    }
  }
}
```

4.4.2　測試 MoveTileBloc

讓我們來測試 MoveTileBloc 吧。由於 MoveTileBloc 也一樣使用 Bloc，所以我們
必須像 PuzzleBloc 一樣使用 emits 來測試。

```
test("move puzzle", () {
  _givenPuzzle(puzzle(id: 1, tiles: [1, 2, 3, 4, 5, 6, 7, 0, 8]));
```

```
_whenMove(id: 1, tile: 8);

expect(
  _moveTileBloc.stream,
  emits(MoveTileState(status: MoveTileStatus.success)),
);
});
```

但是當我們執行測試之後，測試卻意外錯了，在錯誤訊息中，我們可看到測試因為實際 MoveTileState 與預期不同而噴錯。因為正式程式碼建立的 MoveTileState 與我們在測試中建立的 MoveTileState 不同，即使兩者屬性一樣，但是它們還是不同的實例，放在不同記憶體位置，使用 == 比較就會得到 false。

```
Expected: should emit an event that <Instance of 'MoveTileState'>
  Actual: <Instance of '_BroadcastStream<MoveTileState>'>
  Which: emitted   Instance of 'MoveTileState'
```

若是要解決這個問題，大多時候我們直接在狀態類別加上 Equatable 或實作 operator ==，即可解決物件的比較問題。

```
class MoveTileState extends Equatable {
  final MoveTileStatus status;

  @override
  List<Object?> get props => [status];
}
```

但是，這邊我們卻不能這樣處理，因為 Bloc 有一個特性，就是當推送了多次相等狀態後，Bloc 只有第一次會通知畫面，第二次之後的畫面就接收不到更新，因為 Bloc 認為狀態沒有更新，也就不特別通知畫面了。但是在 MoveTileBloc 的情境中，使用者可能會多次移動成功，我們確實希望每次移動成功的狀態都是不同的，那我們要怎麼測試呢？

這裡我們會需要使用 TypeMatcher 與 HavingMatcher 來協助驗證。首先是使用 TypeMatcher 檢查推送出來的狀態類別是 MoveTileState，確認狀態類別後，接著確認 MoveTileState 類別中的 status 是否為 MoveTileStatus.success，我們來看看實際上要怎麼做吧。

```
test("move puzzle", () {
  _givenPuzzle(puzzle(id: 1, tiles: [1, 2, 3, 4, 5, 6, 7, 0, 8]));

  _whenMove(id: 1, tile: 8);

  expect(
      _moveTileBloc.stream,
      emits(
        isA<MoveTileState>().having(
          (e) => e.status, "status", equals(MoveTileStatus.success)
        ),
      ));
});
```

在這個測試中，isA 就是 TypeMatcher，而接在 isA 後面的 having 就是 Having Matcher。透過使用這兩個 Matcher，我們就可以避開兩個 MoveTileState 的實例不同的問題，直接驗證型別與屬性是否符合預期。

Flutter 測試工具提供的 Matcher 非常多，我們無法在本書中一一列舉，也無法在 Puzzle 專案中都使用到，但是知道有哪些 Matcher 還是挺重要的。因為 Matcher 不只會在單元測試中使用，也同樣可以用在之後會介紹到的 Widget 測試與整合測試中。這邊讓我們看一些比較常用的 Matcher 吧。

4.4.3　Collection Matcher

當我們需要比較 List 時，也有許多 Matcher 可以使用，例如：我們可以用 hasLength 驗證長度、使用 contains 來確認是否包含某個元素，也能不指定順序的驗證 List 或者指定順序的驗證。

```
test("collection matcher", () {
  final puzzles = [puzzle(id: 2), puzzle(id: 1)];

  // 驗證不為空
  expect(puzzles, isNotEmpty);

  // 驗證長度為 2
  expect(puzzles, hasLength(2));

  // 驗證包含 puzzle(id: 2)
  expect(puzzles, contains(puzzle(id: 2)));

  // 比較 List，但是不指定順序
  expect(puzzles, containsAll([puzzle(id: 1), puzzle(id: 2)]));

  // 比較 List，並指定順序
  expect(puzzles, containsAllInOrder([puzzle(id: 2), puzzle(id: 1)]));
});
```

4.4.4　String Matcher

String Matcher 用起來十分像我們平常用在 String 上的操作，除了有 startsWith 與 endsWith 來比較字串的前後，還可以使用正規表示來驗證更複雜的狀況。

```
test("string matcher", () {
  String mobileNumber = "+886912345678";

  // 比較 String 開頭
  expect(mobileNumber, startsWith("+886"));

  // 比較 String 結尾
  expect(mobileNumber, endsWith("78"));

  // 用正規表示法比較
  expect(mobileNumber, matches(RegExp(r"^\+?[1-9]\d{1,14}$")));
});
```

不過大多時候，我們可能不太需要真的使用到正規表示法來驗證，真的有需要的時候，也是應該要先思考為什麼我們會需要這麼複雜的驗證，是否哪邊出了問題，只有在少數某些我們希望更寬鬆的驗證結果時，比較可能會使用到。

4.4.5　更多 Matcher

其他還有像是判斷數字大小的 greaterThan 與 lessThan，用於比較 Map 內容的 containsPair 和 containsValue，又或者前面介紹的 emits 也有指定順序的版本：「emitsInOrder」。

```
test("other matcher", () {
  expect(42, greaterThan(13));
  expect(42, lessThan(50));

  expect({
    "key1": "value1",
    "key2": "value2",
  }, containsValue("value2"));
```

```
expect({
  "key1": "value1",
  "key2": "value2",
}, containsPair("key2", "value2"));

expect(
  Stream.fromIterable([1, 2, 3]),
  emitsInOrder([1, 2, 3]),
);
});
```

在各種不同狀況中，依據情境使用適合的 Matcher，不只能讓測試更簡潔，也能提升測試的可讀性。

4.5 | 難纏的 Scheduler 測試

在開發的時候，有時會需要 Scheduler 執行一些定期任務，例如：撈資料到本地端存放、檢查並繼續未完成任務等。由於 Puzzle 專案中並沒有使用 Scheduler 的需求，所以這邊我們使用一個不同的例子來說明這個主題，這個主題也與時間有點關係，但是跟測試更新 Puzzle 時間的時候不太一樣，話不多說，我們直接來看測試 Scheduler 會碰到什麼問題吧。

4.5.1 假設有個 Scheduler

我們常會用 Scheduler 來執行定期更新資料的任務，像下面這個例子中，我們每 5 秒會更新使用者的錢包，讓使用者的錢包常常維持最新的狀態。

```
class UpdateWalletScheduler {
  final WalletRepository walletRepository;

  UpdateWalletScheduler(this.walletRepository);

  void start() {
    Timer.periodic(const Duration(seconds: 5), (timer) {
      walletRepository.update();
    });
  }
}


class WalletRepository {
  void update() {
    // 更新錢包資訊
  }
}
```

我們為這個 Scheduler 寫測試，如同之前的所有測試一樣，準備測試替身，呼叫 SUT 方法來驗證結果。

```
main() {
  test("update wallet after 5 seconds", () {
    final mockWalletRepository = MockWalletRepository();
    final scheduler = UpdateWalletScheduler(mockWalletRepository);

    scheduler.start();

    verify(() => mockWalletRepository.update()).called(1);
  });
}


class MockWalletRepository extends Mock implements WalletRepository {}
```

很快就會發現測試失敗了，MockWalletRepository 的 update 方法並沒有成功被呼叫到，如圖 4-7 所示。

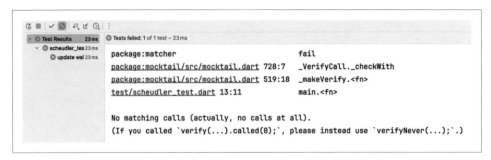

▌圖 4-7　直接測試 Scheduler 失敗

檢查後會發現，程式執行完 start 後，要等 5 秒後才會執行 mockWalletRepository. update()，但是測試卻是在 start 後就馬上驗證，當然會驗證失敗。那我們應該怎麼修改測試呢？依照最直覺的方式，那我們就老老實實等 5 秒吧。

```
main() {
  test("update wallet after 5 seconds", () async {
    final mockWalletRepository = MockWalletRepository();
    final scheduler = UpdateWalletScheduler(mockWalletRepository);

    scheduler.start();

    await Future.delayed(const Duration(seconds: 5));

    verify(mockWalletRepository.update()).called(1);
  });
}
```

在執行 start 之後，等待 5 秒再驗證，測試確實成功了。

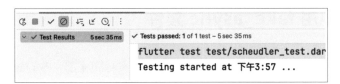

▍圖 4-8　讓測試等待 5 秒，然後測試成功

　　但是我們同時也發現這個測試執行的時間很長，開發人員得真的等 5 秒才會通過，如果我們有很多需要等待的測試，整體執行時間會變得很長。一旦測試時間花得越久，開發人員就會越來越不願意頻繁執行。

4.5.2　好的測試的特性之一：執行快速

　　除了之前講到的可重複與獨立之外，單元測試還必須執行快速，為什麼需要執行快速呢？當我們每修改一小段程式碼，我們就可以執行單元測試來確認我們這次修改有沒有弄壞東西，快速執行，快速驗證。當測試錯誤的時候，因為我們只有改一小段程式碼，所以我們可以很快發現哪邊改壞了。執行快速的單元測試，可以提供開發人員即時的回饋，縮短開發的回饋循環，可以讓我們每一個修改都更有信心。

　　想像一下，如果測試執行時間很長，我們肯定會懶得頻繁執行，想改多一點程式碼後，再來一次執行，結果測試錯了，還要回頭找哪裡改壞了，原本最初是想節省時間，最後反倒是花更多時間。同樣的，如果我們在測試中直接呼叫後端 API，但是後端伺服器正在忙，沒空回應，也會卡著我我們的測試，讓測試時間執行很久。

4.5.3 使用 fake_async 套件

回到我們剛剛的範例，我們應該如何修改呢？與時間流逝有關的測試，我們可以使用 fake_async[11] 套件來處理，這個套件是由 Dart 官方維護的套件，讓我們用它來修改一下原本的測試。

```
main() {
  test("update wallet after 5 seconds", () async {
    fakeAsync((async) {
      var mockWalletRepository = MockWalletRepository();
      final scheduler = UpdateWalletScheduler(mockWalletRepository);

      scheduler.start();

      async.elapse(const Duration(seconds: 5));

      verify(mockWalletRepository.update()).called(1);
    });
  });
}
```

修改方法很簡單，與 clock 的使用方式有點像，只要把測試包在 fakeAsync 方法中，然後當測試執行 start 之後，呼叫 async.elapse 假裝時間經過 5 秒，最後測試通過得到綠燈。使用這種方式，測試就能夠模擬時間流逝了 5 秒，而不用真的花時間去等待。用套件雖然可以很好地解決我們的問題，但我們有沒有其他的方式呢？

---

†11 fake_async：https://pub.dev/packages/fake_async。

4.5.4 讓測試避開框架

讓我們想一下，為什麼這個測試會這麼不好測試？因為我們用到了 Timer 這個框架提供的物件，當我們使用框架或套件的東西時，有可能會讓程式變得不好測試，因為這些東西在設計之初可能沒有考慮到測試場景。在寫單元測試中，我們想要知道的是我們的邏輯是否正確，而不是去測試第三方套件的程式碼邏輯是否正確。

所以我們也可以考慮直接測試任務內容即可，以下面的例子來說，我們可以透過抽取方法的方式，將主要任務抽出成獨立一個方法，就能在測試中直接測試這個方法。

```
class Scheduler {
  final WalletRepository walletRepository;

  Scheduler(this.walletRepository);

  void start() {
    Timer.periodic(
      const Duration(seconds: 5),
      (timer) => execute(),
    );
  }

  void execute() {
    walletRepository.update();
  }
}
```

修改之後，就像下面這個測試一樣，直接測試 execute 方法的正確性。這個做法與 3.4 小節中談到的做法有點像，都是用抽取程式碼的方式來隔離不好測試的依賴。

```
main() {
  test("should update wallet", () {
    var mockWalletRepository = MockWalletRepository();
    final scheduler = UpdateWalletScheduler(mockWalletRepository);

    scheduler.execute();

    verify(mockWalletRepository.update()).called(1);
  });
}
```

讓我們比較一下這兩個方法。在上面使用 fake_async 的測試中，我們除了測試自己的邏輯過程中，也同時測試了 Timer 是不是經過 5 秒後，就會來呼叫我們的方法，可以讓我們進行比較完整的測試，萬一哪天 Scheduler 設定有誤時，就能從測試知道；相反的，在只測試主要方法的測試中，我們不需要額外的套件幫助，測試會相對好寫一些，但是當 Timer 設定使用有誤時，測試就不會提醒我們。

還有其他類似的麻煩狀況，像是我們可能會在 App 中使用推播功能，而推播觸發時機點是由框架觸發，我們在程式中只是設定了一個 Callback 給框架，告訴框架說有通知來呼叫我們所設定的 Callback。如果我們想要測試這這個狀況，其實我們很難真的模擬框架來觸發我們的方法，這種情況下我們只能把 Callback 分離出來，假設框架觸發的機制沒問題，只單獨測試我們的 Callback 內容。

4.5 　單元測試的特性

到這邊，我們終於聊完了單元測試，在過程中我們談到了一些好的測試特性：「執行快速、獨立、可重複」，這些特性對於單元測試來說非常重要。

　　「單元測試」是我們執行最頻繁的測試，可能每 10 分鐘、5 分鐘、甚至更短的時間內，都至少執行一次。為什麼我們要這麼頻繁地執行測試呢？這麼頻繁地執行測試不是會拖慢開發進度嗎？其實恰恰相反，我們之所以要頻繁執行測試，目的在於我們希望每一次修改都建立在上一次的修改是正確的前提下，避免一次修改太多、走錯太遠，反而花上更多的除錯時間。雖然跑單元測試確實需要一點時間，但是花費這些時間是值得的。

　　筆者曾經聽過一個專注於價值投資的專業投資人，形容他的投資策略是「慢慢來，比較快」，這也與在專案中投資「寫測試」很像，一開始可能很難看見效果，但是只要堅持不懈，直到優質的測試累積到一定的量，我們過去投資時間寫的測試，就會開始幫我們省去浪費的除錯時間。

　　其實這些特性並非筆者獨創，而是許多大師無數實踐之後得出的原則。在《無瑕的程式碼》[12] 中，Uncle Bob 提出了 FIRST 法則，其中前三項就是快速（Fast）、獨立（Independent）、可重複（Repeatable）。同樣的在《單元測試的藝術 第二版》[13] 中，Roy Osherove 提出的 FICC 特性：快速（Fast）、隔離（Isolated）、無須設定（Configuration-free）、穩定（Consistent）中，也有提到相同的特性。除此之外，在 Kent Beck 提出的 Test Desiderata[14] 中，也同樣提到相似的特性。

　　這些特性除了會運用在單元測試之外，在後面即將談的 Widget 測試與整合測試，也同樣需要這些特性，雖然這些測試無法像單元測試一樣快速，但我們還是可以在測試中避免不必要的等待或控制依賴物件，儘量測試執行快且穩定。

---

[12] 《無瑕的程式碼》，2013 年，博碩文化出版。

[13] 《單元測試的藝術》，第二版，2017 年，博碩文化出版。

[14] Test Desiderata：https://kentbeck.github.io/TestDesiderata。

4.6 本章小結

◆ 相較於使用 Stub 或 Mock 來測試 Repository，使用 Fake 能夠更專注於測試 Repository 的行為，避免對 Repository 內部如何實作有過多的認識。

◆ 在 Cubit 或 Bloc 的測試中，我們可以選擇直接驗證狀態，也可以選擇驗證 Stream 是否正確推送新狀態。

◆ 使用 emits 可以讓我們簡單測試 Stream，但同時也要小心，一旦測試沒有推送任何事件，可能會造成測試卡住。

◆ 在測試中善用各式各樣的 Matcher，除了能讓我們少寫一些測試程式碼之外，也能提升測試的可讀性。

◆ 當程式的執行時機是由外部觸發時，例如：使用 Timer 延遲執行或推播通知的 Callback，我們可以使用套件輔助測試，也可以任務拆開，直接測試任務的行為。

◆ 確保單元測試「執行快速、獨立、可重複」，能讓我們用最少的成本獲得最大的價值。

5

CHAPTER

Widget 測試

5.1 認識 Widget 測試

5.1.1 Widget 測試介紹

當做完一個功能之後，開發人員常常會把程式打開，簡單玩一下看看有沒有什麼問題。隨著需求越來越多，就容易一不小心改壞東西。如果我們把所有測試案例列出來，每次改完功能後都手動測試一次，當功能增多時，測試時間也越花越多。

雖然我們已經學會使用「單元測試」來保護產品的功能了，但是若想要更全面保護 App 來說，光靠單元測試是不夠的，因為單元測試只能驗證 Widget 之外的類別邏輯是否正確，卻無法確保功能對使用者來說是否可用。

「Widget 測試」是 Flutter 提供的一種從畫面來測試的工具。與單元測試一樣，Widget 測試也需要隔離外部依賴，來讓 Widget 測試能夠穩定執行。雖然說 Widget 測試是從畫面來測試功能，但實際上 Widget 測試執行的時候，並不會真的在手機或模擬器上看到畫面。

前面我們花了很多篇幅介紹單元測試，從最基本的 3A 原則到測試替身的使用。了解單元測試，對於學習 Widget 測試也是十分必要，在 Widget 測試中，一樣會有準備資料、執行、驗證的步驟，同樣需要適當使用測試替身與各種 Matcher 來幫助測試。

在單元測試中，我們會呼叫類別的方法，並驗證回傳值、狀態或互動行為來決定測試是否成功；在 Widget 測試中，則變成了模擬使用者操作畫面，並驗證畫面顯示是否符合預期，原則上還是一樣的概念。在開始深入瞭解 Widget 測試之前，先來看看 Widget 測試的一些優缺點吧。

5.1.2　Widget 測試的優點

🔷 執行速度快且穩定

在 Flutter 官方介紹測試的文件中，有提供不同類型測試的比較表格，而在這個比較執行速度的欄位中，單元測試與 Widget 測試的速度都是快速，直接說明了 Widget 測試的執行速度也不慢。

項目	單元測試	Widget 測試	整合測試
信心指數	低	比較高	最高
維護成本	低	比較高	最高
依賴數量	少	較多	最多
執行速度	快速	快速	慢

那 Widget 測試跑起來很快有什麼用呢？如果跑得快，就可以跟單元測試一樣執行頻繁，每修改一點，就跑一下測試來確認沒有弄壞東西，這點其實很重要。就像我們前面提到的一樣，如果測試跑得很慢，大多數人可能會想減少執行的次數，最後反而因為錯得太多，賠上更多時間。

有讀者可能會好奇，雖然單個測試跑起來很快，但是如果是一群 Widget 測試呢？以筆者參與過的專案為例，專案中有將近 1000 多個 Widget 測試案例，全跑也不過 2 分鐘，再加上單元測試，全部執行也就 2~3 分鐘，其實執行速度是相當快的。

此外，Widget 測試工具也不允許我們在測試中呼叫真實的 API。若我們真的去打 API，就會發現測試中有一些警告，警告提示我們說：「所有 HTTP 呼叫都會被擋掉，固定回傳 400 的結果，不會真的在 Widget 測試執行的時候去打 API」，如下方警告所示。

> Warning: At least one test in this suite creates an HttpClient. When running a test
> suite that uses TestWidgetsFlutterBinding, all HTTP requests will return status
> code 400, and no network request will actually be made. Any test expecting a real
> network connection and status code will fail.
> To test code that needs an HttpClient, provide your own HttpClient implementation
> to the code under test, so that your test can consistently provide a testable
> response to the code under test.

因此，在 Widget 測試中，我們需要使用測試替身來隔離 API 的呼叫，這樣可以避免因真實網路不穩定而影響測試，並且每次測試都能使用我們設定好的假資料，讓測試更容易控制。

Widget 測試既不會在真實手機上執行，也不會呼叫遠端的 API，所以真正執行起來，也可像單元測試一樣具備快速又穩定的能力。

🔷 更全面的測試

如果我們只使用單元測試來測試非畫面類別的話，雖然可以確保內層類別中的領域邏輯正確，但是如果 Widget 沒有正確使用這些內層類別，功能還是不會正常。尤其 Flutter 是一個 UI 框架，我們大半的開發時間可能都在修改畫面行為與細節，越常改動的東西，越有容易改壞。

雖然我們可以儘量把 Widget 中的邏輯往內層類別移動，讓 Widget 儘量簡單，比較不容易改壞，但在實務上我們還是很難完全避免 UI 層會有一些邏輯，而且過度將邏輯往內層放，將使得畫面與內層類別過度耦合。

我們也可使用端到端測試來進行更完整的測試，但是缺點就是執行速度比較慢，無法在改完程式碼之後快速取得回饋，甚至測試可能不穩定，有時測試可以通過，有時卻會失敗，而使用 Widget 測試則可以有效解決這些問題。透過 Widget 測試，我們能更快檢測到 UI 改動對應用程式的影響，這使得我們可以在開發的過程中隨時進行測試，獲得即時回饋。

5.1.3　Widget 測試的缺點

◈ 錯誤訊息不夠清晰

相信讀者對於這個跑版錯誤的畫面並不陌生，我們在開發畫面的時候，當 Widget 設定有問題時，就會在畫面看到這個錯誤。

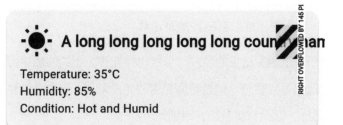

▌圖 5-1　Flutter 跑版錯誤

Widget 測試也同樣會發生這個問題，有時我們畫面開發完成了，再去寫 Widget 測試會發現，實際執行在模擬器中明明不會跑版，但是在 Widget 測試中卻出現跑版錯誤，導致測試執行失敗。

```
───────┤ EXCEPTION CAUGHT BY RENDERING LIBRARY ├───────────────
The following assertion was thrown during layout:
A RenderFlex overflowed by 27 pixels on the right.
```

最慘的是，Widget 測試執行的時候也沒有畫面，這時就會很難處理，我們只能慢慢地設中斷點除錯，導致除錯時間花費較長，有時甚至需要一些經驗或對框架有足夠的理解，才能順利解決問題。

🎮 額外的學習成本

另外一個缺點就是「需要一些學習成本」。看到這裡的讀者，相信對於寫單元測試應該都很熟悉了，其實若只是要會寫單元測試的話，並沒有什麼太困難的學習點，最多就是需要熟悉一下如何使用測試替身與一些 Matcher 的語法，但在 Widget 測試中，除了要了解測試替身與各種 Matcher 之外，我們還要學習各種 Widget 測試的用法，了解有哪些工具可以使用，例如：如何模擬使用者操作（如點擊、滑動、輸入文字等），也需要了解怎麼驗證畫面元素。

而且，當我們嘗試驗證結果的時候，可能也存在許多不同的驗證方式，例如：當遊戲結束時，我們可以驗證「倒數時間是否停止計時了」，也可以驗證「結束遊戲的按鈕是否出現」，甚至有更多的其他細節。

再者，驗證的寫法也可能很多元，以驗證「結束遊戲的按鈕是否出現」來說，我們可以驗證按鈕上的文字是否出現，也可以驗證按鈕這個 Widget 類別是否出現，如何選擇比較適合的驗證方式，也是需要思考一番。說了這麼多，就讓我們來看看一個 Widget 測試的測試案例吧。

5.1.4　Counter App 的 Widget 測試

在我們用 Flutter 建立新專案後，專案中預設就會包含一個簡單的 Counter App 與 Widget 測試。Counter App 的功能很簡單，當使用者點擊「+」號按鈕時，畫面中的數字就會加 1（Flutter 建立專案時，可選擇各種範本，沒有特別選擇的話，會產生 Counter App 專案）。

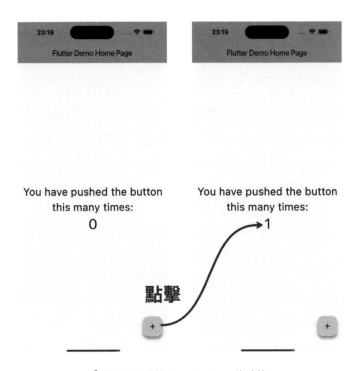

▌圖 5-2　預設 Counter App 的功能

這個 Counter App 專案自帶的 Widget 測試的內容，也就是在測試剛才提到的情境：「當使用按下『+』號按鈕後，畫面中間的數字就加 1」。

```
void main() {
  testWidgets('Counter increments smoke test', (WidgetTester tester) async {
    await tester.pumpWidget(const MyApp()); // 準備畫面

    expect(find.text('0'), findsOneWidget);
    expect(find.text('1'), findsNothing);

    await tester.tap(find.byIcon(Icons.add)); // 模擬使用者操作
    await tester.pump();

    expect(find.text('0'), findsNothing);
```

```
    expect(find.text('1'), findsOneWidget); // 驗證畫面
  });
}
```

首先是測試案例的宣告，與單元測試類似，我們會在每個測試檔案的 main 方法中，用 testWidgets 定義 Widget 測試的測試案例，並給定測試的描述與測試實際要執行的內容。接著在測試執行內容的匿名方法中，會帶入一個 WidgetTester 的參數。基本上，測試中所有與畫面相關的操作，都會透過這個 WidgetTester 來執行。

在這個 Widget 測試實際要執行的內容中，包含以下幾個步驟：

01 ▸ 準備畫面。

既然是測試畫面，那當然我們得先把待測試的畫面渲染出來。使用 WidgetTester. pumpWidget，並帶入待測試的 Widget，也就是 MyApp。

02 ▸ 模擬使用者操作。

在單元測試中，我們都是直接執行 SUT 的方法來進行互動，但是到了 Widget 測試，就不再是呼叫方法了，而是得像個真正的使用者一樣，操作畫面來與畫面互動。在這個步驟中，我們使用 Finder 來找出畫面中的元素，接著呼叫 WidgetTester 的 tap 方法，模擬使用者點擊剛剛用 Finder 找出的元素，也就是「+」按鈕。

03 ▸ 驗證畫面結果。

當我們做完一系列操作之後，我們預期畫面中的數字應該要從「0」變成「1」。與單元測試一樣，我們也使用 expect 方法來驗證結果，在實際值中傳入一個找尋文字「1」的 Finder，並在 Matcher 的部分傳入 findOneWidget，也就是說，我們希望找到畫面中出現一次文字「1」。

看完這三個步驟之後，是不是與單元測試的 3A 原則十分相像。Arrange 對應到準備畫面，Act 對應到模擬使用者操作，Assert 則是對應驗證畫面結果。

5.1.5　pump 是什麼？

在剛才展示的 Widget 測試中，在模擬使用者點擊了「+」號按鈕後，測試呼叫了 WidgetTester 的 pump 方法。那什麼是 pump 方法，又為什麼要呼叫呢？其實，在 Widget 測試中，畫面是不會主動更新的，需要我們呼叫 pump 方法來主動觸發畫面更新。這是什麼意思呢？

讓我們解釋詳細一點。在 Counter App 的例子中，當使用者點下「+」按鈕後，程式會把 Widget 中的 counter 變數加 1，並呼叫 setState 嘗試更新畫面，此時 Flutter 底層會標記這個畫面需要被更新。當 Flutter 開始執行更新畫面的工作時，就會更新這些需要被更新的畫面，從而使「0」在畫面上更新成「1」。

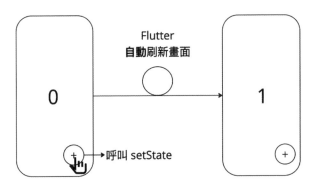

▌圖 5-3　Flutter 刷新畫面

但是在 Widget 測試中，當我們的程式中呼叫 setState 後，Widget 測試並不會自動偵測且更新畫面，而是需要我們手動呼叫 WidgetTester 的 pump 方法來主動刷新畫面。

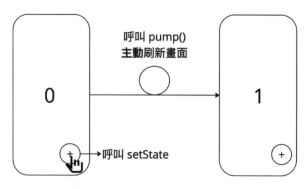

▎圖 5-4　Widget Test 刷新畫面

　　看完了 Counter App 的 Widget 測試，是不是覺得 Widget 測試也沒有想像中的複雜呢？

5.2　認識 Finder

5.2.1　Finder 介紹

　　在上一小節中，我們簡單認識了 Widget 測試，也介紹了一個 Widget 測試的例子，但是這肯定遠遠不夠，想要熟練使用 Widget 測試，我們還得認識一些 Widget 測試相關的用法。在 Counter App 的 Widget 測試例子中，我們運用 Finder 來確認畫面中是否有預期的文字，驗證最終結果是否符合預期，那 Finder 是什麼呢？

　　Finder 是 Flutter 測試提供的工具，用於在測試中尋找畫面中的 Widget。Finder 不只能用來找文字，而是可以用來找到畫面上的所有 Widget，例如：圖示、按鈕，也可以用 Widget 的類別名稱來搜尋，或者是以 Widget 的 Key 來搜尋。

無論是想與畫面中的 Widget 互動，或者是想驗證畫面結果，我們都會需要
Finder。而 Finder 的用法也很簡單，在 Counter App 的範例中，我們已經看到了
find.text 的用法。

```
Finder finder = find.text("1")
```

呼叫 find.text 後，會回傳一個 Finder，Finder 是一個抽象類別，有許多不同實作
的具體類別，以 find.text 來說，實際上回傳的是 _TextWidgetFinder 類別。這邊需
要注意一點，取得 Finder 並不代表當下真的找到該 Widget，Finder 更像是一個知
道如何找到 Widget 的物件。實際上，當真的要執行點擊或驗證的時候，程式才會
去使用 Finder 找到該 Widget。

5.2.2　驗證 Finder 結果

當我們呼叫 find.text 得到 Finder 後，與單元測試一樣是用 expect 驗證結果，但
是在設定預期值，則必須使用 Widget 測試專用的 Matcher。在下面的例子中，我們
使用的是 findsOneWidget，顧名思義，找到一個 Widget。

```
expect(find.text("Hello World"), findsOneWidget);
```

根據不同的測試情境，除了 findsOneWidget 之外，我們能使用的還有
findsNothing、findsNWidgets、findsAtLeastNWidgets 等，都是用來檢查畫面中的
Widget 數量是否正確。除了使用驗證 Widget 數量的 Matcher 之外，我們也能像單
元測試那樣，直接驗證 Widget 的狀態，我們會在之後的例子中看到。

5.2.3　模擬使用者操作

除了驗證之外，在模擬使用者操作的時候，我們也會用到 Finder 來找到要互動的 Widget。我們呼叫 WidgetTester 身上的各種模擬使用者操作的方法，像是我們剛才看到的 tap 方法就是模擬使用者點擊某個元素。除此之外，我們還有許多不同的模擬使用者互動方法，像是長按、輸入文字、拖動、點擊特定座標等許多各式各樣的操作，這邊我們就不一一介紹，留給讀者們自行探索。

```
// 模擬使用者長按
tester.longPress(find.text("Hello"))

// 模擬使用者輸入文字
tester.enterText(find.byType(TextFormField), "Hello");

// 模擬使用者拖動
tester.drag(find.byType(ListView), const Offset(-500, 0));

// 模擬點擊特定座標
tester.tapAt(const Offset(200, 300));
```

其實，如何模擬使用者互動與驗證結果並不複雜，絕大多數的狀況都是點擊就能搞定。我們寫 Widget 測試的時候，更多還是花在思考要找畫面中哪個 Widget 以及如何找到它，就讓我們更深入一點看看 Finder 的用法吧。

5.2.4　基本 Finder 方法

Finder 除了可以用來找畫面上的文字之外，我們也可以找圖示，更可以找某個 Widget 類別，甚至我們能直接取得 Widget 本人，讀取 Widget 身上的公開成員。

以下面這個畫面來舉例，這是一個顯示各國天氣狀況的功能。

圖 5-5　各地天氣狀況例子

我們可以用 find.byIcon 尋找畫面中的圖示。

```
testWidgets("show icons", (WidgetTester tester) async {
  await tester.pumpWidget(const MyApp());

  expect(find.byIcon(Icons.thermostat), findsOneWidget);
  expect(find.byIcon(Icons.cloud), findsOneWidget);
});
```

也可以用 find.byType 尋找畫面中是否出現兩個 ElevatedButton 按鈕。

```
testWidgets("show buttons", (tester) async {
  await tester.pumpWidget(const MyApp());

  expect(find.byType(ElevatedButton), findsNWidgets(2));
});
```

我們大多時候要驗的功能是正確性。以上面例子來說，我們可能會想測試使用者查看埃及的詳細天氣狀況，此時模擬使用者按下「詳細資料」按鈕，畫面應該要出現詳細的天氣狀況。

```
testWidgets("update name success", (tester) async {
  await tester.pumpWidget(const MyApp());

  await tester.tap(find.text(" 詳細資料 "));
  await tester.pump();

  expect(find.text("some detail weather"), findsOneWidget);
});
```

但是當我們寫完測試並執行後，測試出現了紅燈，從主控台提示的錯誤中，我們可以發現因為畫面上有兩個「詳細資料」按鈕，但是測試不知道要選哪個來按。

```
——┤ EXCEPTION CAUGHT BY FLUTTER TEST FRAMEWORK ├———— The following
assertion was thrown running a test: The finder "2 widgets with text " 詳細資料 "
(...) ambiguously found multiple matching widgets. The "tap()" method needs a
single target.
```

在 Widget 測試中，有很多方法可以處理這個問題。由於我們知道畫面上有兩個按鈕，而我們想按的是第一個，那我們可以簡單地在 find.text(" 詳細資料 ") 後加上 first，指定選擇第一個按鈕來點擊。

```
await tester.tap(find.text(" 詳細資料 ").first);
```

其實，使用 first 來解決並不理想，還記得我們前面提到的測試可讀性嗎？當閱讀測試的人看到這邊，肯定不會知道 first 是什麼？可能要回頭去看程式怎麼寫，再加上一些通靈技巧，才可能知道指的是哪個按鈕。

5.2.5　用 byKey 提升測試可讀性

在這個例子上，我們也可以稍微修改一下程式碼，在目標 Widget 上加上 Key，
為每個「詳細資料」按鈕加上不同的 Key。

```
ElevatedButton(
  key: ValueKey("$country-detail-button")
  onPressed: () => _showSuccess(context),
  child: const Text("Submit"),
)
```

就像是 React 中在 Component 上標記 data-testid 一樣，可以在測試中用 data-
testid 找到相對應的 Component。在 Flutter 中，Key 除了可以解決 Widget 畫面渲
染的問題之外，也可以讓我們在測試中使用 find.byKey 去找到想要的 Widget，讓
測試更清楚表達按的是哪一個按鈕。

```
testWidgets("update name success", (tester) async {
  await tester.pumpWidget(const MyApp());

  await tester.tap(find.byKey(ValueKey("Egypt_detail_button")));
  await tester.pump();

  expect(find.text("some detail weather"), findsOneWidget);
});
```

5.2.6　用 byType 輔助測試

除了 byKey 之外，有時使用 byType 來處理可能更好。同樣以這個天氣 App 來舉
例，當天氣有新資料的時候，按鈕上會顯示紅點來提醒使用者，而紅點就只是一個

簡單的 Container。在這個情況中，我們無法使用文字或圖示來找，而且畫面中高機率存在其他 Container，如果我們只是簡單找 Container 這個 Widget，顯然會出現許多重複的 Widget。除了使用 byKey 解決之外，我們還能怎麼做呢？

```
Container(
  width: 10,
  height: 10,
  decoration: const BoxDecoration(
    color: Colors.red,
    shape: BoxShape.circle,
  ),
)
```

我們可以把紅點的 Container 獨立抽取一個新的 Widget，並賦予一個有意義的名稱：「UnreadDot」，如此一來，我們就能在測試中使用 find.byType(UnreadDot) 來找到紅點了。抽取 Widget，不但使得測試容易寫，也讓程式碼本身更容易理解。

```
class UnreadDot extends StatelessWidget {
  const UnreadDot({super.key});

  @override
  Widget build(BuildContext context) {
    return Container(
      width: 10,
      height: 10,
      decoration: const BoxDecoration(
        color: Colors.red,
        shape: BoxShape.circle,
      ),
    );
  }
}
```

大多時候，byKey 和 byType 都能解決問題，那我們該怎麼選擇呢？其實我們應該從程式碼來判斷，當一群 Widget 的職責足夠內聚，我們可以把這群 Widget 抽取成另一個 Widget，根據其功能來給一個合適的名稱，最後我們就可以用 byType 來測試；反之，當今天 Widget 之間關聯性比較小，我們很難抽出一個獨立有意義的 Widget，就比較傾向於在目標 Widget 上加上 Key，解決測試麻煩。

只要情況允許，比較推薦使用抽取 Widget，因為抽取一個獨立 Widget 不只有助於測試，也有助於閱讀程式碼，讓 Widget 的職責更單純，就像我們會用抽取方法來隱藏實作細節，抽取 Widget 也會隱藏實作細節，無論是 UI 的細節或功能上的細節。

5.2.7 如何選擇 Finder 的搜尋方式

到此我們可以發現找 Widget 的方式有很多，如果可以選擇的話，我們最好還是優先使用畫面中使用者可以看到的元素，例如：文字或圖示。因為這些資訊是 App 提供給使用者知道的，通常只要功能不變，這些資訊也不太會變，即便 Widget 結構有調整或者畫面樣式有調整，也通常不太會影響到測試，減少回頭修改測試的機會，讓測試比較強壯一點。

但是，有時畫面中的資訊既不是文字，也不是圖示，而可能就像剛才提到的紅點那樣，這時我們還是得使用 byKey 或 byType 來協助驗證。但也因為 Key 或 Type 在某種程度上與程式結構或樣式實作細節有關聯，所以使用 byKey 或 byType 比較容易被非功能性的調整所影響，使得測試也跟著要調整。

此外，另一種觀點是若我們無法在測試找到使用者角度的訊息來驗證，也可能暗示畫面沒有提供足夠的資訊給使用者，此時我們就需要調整畫面設計，使畫面儘可能提供足夠給使用者做決策的資訊。

這裡我們看到許多 Finder 不同的用法，相信讀者對 Finder 已經有一些概念了。Finder 有許多不同的 API 可以用，如果全部都介紹一輪可能會太過瑣碎，同樣就留給讀者們自行探索。之後在實際的畫面測試中，我們還會看到一些其他的 Finder 用法，關於 Finder 就讓我們先暫時介紹到這邊。

5.3　第一個 Widget 測試

在剛剛的 Counter App 的 Widget 測試中，我們直接測試了整個 App 最外層的那個 Widget，相當於把整個 Counter App 打開來。在實務中，若我們嘗試測試整個 App 的話，會發現在準備資料的時候需要準備相當多東西，無論準備的資料或依賴與目前測試情境是否有關，我們需要設定大量的假資料與作假許多不同的外部依賴，使得測試變得相當麻煩，所以更多時候我們可能會縮小測試範圍，只獨立測試某個頁面，或某個 Widget 的行為。

當我們開始思考 Widget 測試要測試什麼時，會發現與單元測試很不相同。在單元測試中，只要我們做好職責分離，其實每個類別的行為都相對簡單，測試案例相對來說會比較好列舉，但來到畫面就不同了，通常一個畫面會有許多功能，除了提供各種資訊給玩家之外，還有一些動作可以操作。

當然，我們也可以跳過頁面，直接測試頁面中更小的 Widget，這樣會使得測試更容易，但同時也比較難測試到一個使用者的完整操作情境。

在 Puzzle 專案中，主要有兩個頁面：「遊戲列表頁面」（PuzzleListPage）與「遊玩遊戲頁面」（PlayPuzzlePage）。在接下來的內容中，我們會介紹如何使用 Widget 測試來測試這兩個頁面，我們先來看看 PuzzleListPage 的測試吧。

5.3.1 PuzzleListPage 測試

在 PuzzleListPage 頁面中，主要有兩個使用情境：

◆ 顯示進行中的遊戲列表，當玩家選擇某個遊戲後，App 會把玩家導到遊戲頁面。

◆ 建立新的數字 / 圖片推盤遊戲。

剛開始我們先讓測試簡單一些，只測試第一個情境當中的「顯示進行中的遊戲列表」的部分，讓我們來一步一步完成測試吧。

與 Counter App 的 Widget 測試一樣，我們先用 pumpWidget 方法，把待側試的 Widget 渲染出來。

```
testWidgets("show game list", (tester) async {
  await tester.pumpWidget(const PuzzleListView());
});
```

這邊我們可以注意到，我們帶入的 Widget 是 PuzzleListView，而不是 PuzzleListPage，這是為什麼呢？如果我們看到 PuzzleListPage 的實作，就可以發現 PuzzleListPage 負責設定與初始化 PuzzleListCubit，並使用 BlocProvider 提供 Cubit 給 PuzzleListView 使用。拆分了 PuzzleListPage 與 PuzzleListView 可以提供接縫，讓我們有機會作假 PuzzleListCubit，藉此控制遊戲列表頁面的測試。

```
class PuzzleListPage extends StatelessWidget {
  const PuzzleListPage({super.key});

  @override
  Widget build(BuildContext context) {
    return BlocProvider<PuzzleListCubit>(
      create: (context) => PuzzleListCubit(...),
      child: const PuzzleListView(),
```

```
    );
  }
}


class PuzzleListView extends StatelessWidget {
  const PuzzleListView({super.key});

  @override
  Widget build(BuildContext context) {
    return Scaffold(...);
  }
}
```

所以，在測試中我們可以建立假的 MockPuzzleListCubit，接著在測試中使用 BlocProvider 注入 PuzzleListCubit 給 PuzzleListView 使用。

```
testWidgets("show game list", (tester) async {
  final puzzleListCubit = MockPuzzleListCubit();

  await tester.pumpWidget(BlocProvider<PuzzleListCubit>(
    create: (context) => puzzleListCubit,
    child: const PuzzleListView(),
  ));
});
```

寫完 pumpWidget 之後，執行測試的話，就會發現測試出錯，最先遇到的錯誤是 Scaffold 找不到 Directionality。對 Flutter 框架比較不熟悉的讀者可能會想，在正式程式碼中，我們好像也沒有特別使用 Directionality，但是也不會噴錯，怎麼到了測試就噴錯呢？

```
┤ EXCEPTION CAUGHT BY WIDGETS LIBRARY ├
The following assertion was thrown building Scaffold(dirty, state:
ScaffoldState#fea58(tickers:
tracking 2 tickers)):
No Directionality widget found.
Scaffold widgets require a Directionality widget ancestor.
```

其實祕密就藏在 MaterialApp 中，在正式程式碼中，我們通常會在 App 的最上層使用 MaterialApp，而在 MaterialApp 中包有 Directionality（更準確來說是 Material App → WidgetsApp → Localizations → Directionality）。一般我們在開發 Flutter App 的時候，通常一開始就會加上了 MaterialApp，所以不太會遇到這個問題。

但是，到了 Widget 測試則是反過來，我們大多時候就直接在測試中呼叫 pumpWidget，並帶入我們想測試的 Widget，不太會意識到需要包 MaterialApp，而是噴錯了才意識到少做了。有人可能會好奇，既然只缺 Directionality，那爲什麼不包 Directionality 就好？或許是可以的，但是我們之後測試其他行爲時，還是會需要 MaterialApp，所以這邊還是選擇直接使用 MaterialApp 比較方便。

```
testWidgets("show game list", (tester) async {
  await tester.pumpWidget(const MaterialApp(home: PuzzleListView()));
});
```

加上 MaterialApp 後再次執行測試，測試依舊是錯的，但是這次的錯誤有點不同了，因爲程式去呼叫了尚未 Stub 的方法。由於呼叫 pumpWidget 後，Widget 測試就開始模擬畫面了，而到了渲染 BlocBuilder 的時候，畫面嘗試使用 PuzzleListCubit 中的狀態 Stream 監聽變化時，測試就噴錯了。

```
┤ EXCEPTION CAUGHT BY WIDGETS LIBRARY ├
The following _TypeError was thrown building KeyedSubtree-[GlobalKey#269b9]:
type 'Null' is not a subtype of type 'Stream<PuzzleListState>'
```

```
When the exception was thrown, this was the stack:
#0     MockPuzzleListCubit.stream (.../puzzle/test/puzzle/presentation/puzzle_
list/view/puzzle_list_page_test.dart:87:7)
#1     BlocProvider._startListening (package:flutter_bloc/src/bloc_provider.
dart:139:32)
#2     _ValueInheritedProviderState.value (package:provider/src/inherited_
provider.dart:926:50)
```

這邊讓 MockPuzzleListCubit 的狀態 Stream 回傳一個空的 Stream，表示在這個測試中我們不打算推送新的狀態。

```
testWidgets("show game list", (tester) async {
  final puzzleListCubit = MockPuzzleListCubit();

  when(() => puzzleListCubit.stream).thenAnswer((_) => const Stream.empty());

  await tester.pumpWidget(BlocProvider<PuzzleListCubit>.value(
    value: puzzleListCubit,
    child: const MaterialApp(home: PuzzleListView()),
  ));
});
```

但是，當我們執行測試，發現測試還是錯的，因為 BlocBuilder 還會呼叫 PuzzleListCubit 身上的 state 來取得目前的狀態。

```
──────┤ EXCEPTION CAUGHT BY WIDGETS LIBRARY ├──────
The following _TypeError was thrown building KeyedSubtree-[GlobalKey#1c07d]:
type 'Null' is not a subtype of type 'PuzzleListState'

When the exception was thrown, this was the stack:
#0     MockPuzzleListCubit.state (.../puzzle/test/puzzle/presentation/puzzle_
```

```
list/view/puzzle_list_page_test.dart:89:7)
#1      _BlocBuilderBaseState.initState (package:flutter_bloc/src/bloc_builder.
dart:131:20)
#2      StatefulElement._firstBuild (package:flutter/src/widgets/framework.
dart:5618:55)
```

與單元測試的做法類似,我們作假 PuzzleListCubit 的 state,讓它固定回傳一串
遊戲列表,使畫面有東西可以顯示。

```
testWidgets("show game list", (tester) async {
  final puzzleListCubit = MockPuzzleListCubit();

  when(() => puzzleListCubit.stream).thenAnswer((_) => const Stream.empty());
  when(() => puzzleListCubit.state).thenReturn(const PuzzleListState(
    status: PuzzleListStatus.loaded,
    puzzleInfos: [
      const PuzzleInfo(id: 1, type: PuzzleType.number),
    ],
  ));

  await tester.pumpWidget(BlocProvider<PuzzleListCubit>.value(
    value: puzzleListCubit,
    child: const MaterialApp(home: PuzzleListView()),
  ));
});
```

最後我們執行測試,這次測試終於通過了,但是此時我們還沒驗證任何東西,所
以需要在最後補上驗證。還記得我們在這個情境要驗證什麼嗎?我們希望驗證畫面
可以正確顯示進行中的遊戲列表。剛才我們在測試中做了一筆假資料,所以我們預
期應該要看到「Game 1」出現在列表中。

```
testWidgets("show game list", (tester) async {
  // 省略準備資料

  await tester.pumpWidget(BlocProvider<PuzzleListCubit>.value(
    value: puzzleListCubit,
    child: const MaterialApp(home: PuzzleListView()),
  ));

  expect(find.text("Number Game 1"), findsOneWidget);
});
```

加上驗證步驟之後，執行測試得到綠燈，顯示遊戲列表的測試也就完成了。

> 🔍 **小提醒** ⟩ **每次一小步**
>
> 從開始撰寫 Widget 測試到完成的過程中，我們會遇到許多錯誤。如果我們等到所有程式碼都寫完才執行測試，就必須一次解決所有問題才能看到綠燈；相反的，如果我們每寫一部分就執行一次測試，當看到綠燈時，至少可以確定到目前為止都是正確的。避免一次性寫完所有內容再跑測試，因為這樣可能會導致測試中出現多處錯誤，增加除錯的難度。

5.3.2　重構 WidgetTester 擴充方法

Widget 測試相較於單元測試來說，通常測試的行數會比較多。當測試行數一長，我們就很難看出這個測試想測什麼，使得測試的可讀性降低，我們前面也談過測試可讀性的重要性，這邊就不再贅述，就讓我們來重構這段測試程式碼吧。

利用之前介紹的單元測試的重構技巧，把不重要的依賴設置放到 setUp 中，並抽取 _givenPuzzleInfoList 方法與 _givenPuzzleListView 隱藏細節，這邊就不再細講，想複習的讀者可以回頭參考前面的 3.2 小節。

```
main() {
  setUp(() {...});

  testWidgets("show game list", (tester) async {
    _givenPuzzleInfoList([
      const PuzzleInfo(id: 1, type: PuzzleType.number),
    ]);

    await _givenPuzzleListView(tester);

    expect(find.text("Number Game 1"), findsOneWidget);
  });
}


void _givenPuzzleInfoList(List<PuzzleInfo> puzzles) {
  when(() => _puzzleListCubit.stream).thenAnswer((_)=> const Stream.empty());
  when(() => _puzzleListCubit.state).thenReturn(PuzzleListState(
    status: PuzzleListStatus.loaded,
    puzzleInfos: puzzleInfos,
  ));
}


Future<void> _givenPuzzleListView(WidgetTester tester) async {
  await tester.pumpWidget(BlocProvider<PuzzleListCubit>.value(
    value: _puzzleListCubit,
    child: const MaterialApp(home: PuzzleListView()),
  ));
}
```

接著我們要繼續重構，如果 Widget 測試多寫一些，就會發現每次我們都需要使用 pumpWidget 加上 MaterialApp 的組合，所以我們可以製作簡單 Widget 測試擴充方法，並放到其他的檔案中。這樣每次在 pumpWidget 時，就不需要每次都包

MaterialApp，畢竟 MaterialApp 在測試情境中一點也不重要，只是為了讓測試能跑的工具，所以不需要將它暴露在測試中。

```
extension WidgetTesterExtension on WidgetTester {
  Future<void> givenView(Widget widget) async {
    await pumpWidget(MaterialApp(
      home: widget,
    ));
  }
}
```

抽了 givenView 的 WidgetTester 擴充方法之後，調整之後的 _givenPuzzleListView 就會變成如下那樣，目前看起來差別好像不大，不過這可是有大作用的，我們馬上就會談到。

```
Future<void> _givenPuzzleListView(WidgetTester tester) async {
  await tester.givenView(BlocProvider<PuzzleListCubit>.value(
    value: _puzzleListCubit,
    child: const PuzzleListView(),
  ));
}
```

5.3.3　避免測試文字內容

在開發 App 的時候，常常都會需要支援多國語系，若要支援多國語系並不困難，無論是使用第三方套件或者 Flutter 提供的工具，都能輕鬆達到。以我們剛才測試的功能來說，在程式中我們可以使用 AppLocalizations 的 number_game_title 加上 id 參數，來支援顯示不同語系。

```
Text(AppLocalizations.of(context)!.number_game_title(id))
```

而在測試中，我們也會儘量希望測試使用者看得到的東西，大多時候就是畫面上的文字。以我們剛才完成的測試來說，我們驗證了畫面上是否出現「Number Game 1」。

```
expect(find.text("Number Game 1"), findsOneWidget);
```

但是直接驗證「Number Game 1」，其實會有一些小問題，也就是當未來翻譯有調整的時候，我們也得回頭來修改測試。有讀者可能會認為，確實動到東西了，所以改動測試很正常，這裡就得討論到底我們想測試的東西是什麼？

在測試中，我們想測試的是程式的行為是否正確，而非畫面顯示的具體細節。若我們想驗證翻譯對不對，那可以使用其他工具來驗證，甚至請更專業的相關人員來檢查，或許是比較有效的做法，畢竟大多數的 RD 寫了測試，也無法確保翻譯是對的，最多就確保測試跟正式的翻譯是一樣的，但也無法得知翻譯到底是不是合理。一個測試應該只有一個壞的理由，所以我們希望文字修改的時候，只要它相對應的意圖沒有變，測試就不會壞，也不用改。關於該測試什麼的議題，在 5.6 小節中有更深入的探討。

這邊我們需要重構一下測試，讓測試只驗證英文語系的翻譯 key 就好，而不是寫死驗證「Number Game 1」這串文字，如此一來，無論遊戲標題未來如何變化，測試都不用跟著調整。

```
main() {
  testWidgets("show game list", (tester) async {
    _givenPuzzleInfoList([
      const PuzzleInfo(id: 1, type: PuzzleType.number),
    ]);

    await _givenPuzzleListPage(tester);
```

```
    expect(find.text(l10n.number_game_title(1)), findsOneWidget);
  });
}


AppLocalizations get l10n => AppLocalizationsEn();
```

在我們加入多國語系後，我們也得讓測試中的 MaterialApp 加入支援，否則測試一執行，就會因爲找不到多國語系而錯了，由於我們剛剛有抽了 givenView 的擴充方法，所以此時我們只要修改 givenView 的擴充方法即可。

```
extension WidgetTesterExtension on WidgetTester {
  Future<void> givenView(Widget widget) async {
    await pumpWidget(MaterialApp(
      localizationsDelegates: const [AppLocalizations.delegate],
      supportedLocales: AppLocalizations.supportedLocales,
      home: widget,
    ));
  }
}
```

5.3.4　第一個測試最困難

一般來說，無論是單元測試或 Widget 測試，第一個測試都是最困難的，當我們完成了第一個測試並重構之後，後續的測試通常改一些小地方就是另一個情境了。這也是爲什麼我們需要重構測試，不但可以提升測試可讀性，後續測試也會變得比較容易。

當我們完成第一個測試之後，若想測試「當沒有進行中遊戲時，畫面要顯示沒有進行中的遊戲」這個情境時，測試就變得很簡單了。

```
testWidgets("no game found", (tester) async {
  _givenPuzzleInfoList([]);

  await _givenPuzzleListView(tester);

  expect(find.text(l10n.no_ongoing_game), findsOneWidget);
});
```

只要給定空的遊戲列表並顯示畫面，最後就能直接驗證畫面中出現「沒有遊戲」
的文字。

而另外一個情境像是建立數字推盤遊戲，與單元測試類似，我們可以在按下「建
立遊戲」的按鈕之後，驗證 MockPuzzleListCubit 的 create 方法是否被呼叫到一次，
並傳入正確參數，這個測試也就完成了。

```
testWidgets("create new number game", (tester) async {
  _givenCreatePuzzleOk();
  _givenPuzzleInfoList([]);

  await _givenPuzzleListView(tester);

  await tester.tap(find.text(l10n.number));

  verify(() => _puzzleListCubit.create(PuzzleType.number)).called(1);
});
```

5.3.5 孤立型測試與社交型測試

在開始下一個測試之前，我們回顧看一下到目前為止完成的所有測試案例。以
「顯示遊戲列表」這個功能來說，我們在不同層的類別中都分別測試了這個功能的
某些部分：

◆ **PuzzleListPage 測試**：測試是否能顯示存在 PuzzleListCubit 中的 Puzzle 列表。

◆ **PuzzleListCubit 測試**：測試是否能從 GetOngoingPuzzlesUseCase 讀取 Puzzle 列表並放進 State 中。

◆ **GetOngoingPuzzlesUseCase 測試**：測試是否能正確篩選出正在進行中的 Puzzle 列表。

◆ **PuzzleRepository 測試**：測試是否能從資料庫中讀取，並轉換所有 Puzzle 列表。

可以發現一個簡單的「顯示遊戲列表」功能，我們寫了至少四個測試。在這種測試風格中，我們會大量使用測試替身來隔離依賴，無論這個依賴是否容易控制，讓我們稱呼這種風格的測試為「孤立型測試」。這樣的好處是當功能被改壞的時候，哪個測試壞掉了，就表示是相關的類別被改壞了，我們可以很快找出是哪邊錯了。

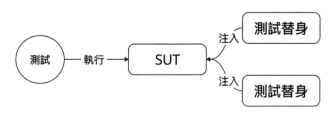

▌圖 5-6　孤立型測試

但也並不是沒有缺點，最直觀的問題就是我們需要寫比較多的測試，測試是需要維護的，測試越多，也會增加我們的維護成本。當我們對於程式的結構有調整時，測試也需要跟著變動，這是什麼意思呢？假設我們要把建立 Puzzle 的邏輯從 PuzzleListCubit 分離出來，並獨立成 CreaetPuzzleCubit 的話，會發現有幾件事情要做：

◆ 建立 Puzzle 相關的測試必須要移動，從原本的 PuzzleListCubit 測試檔案移動到新的 CreatePuzzleCubit 測試檔案中。

◆ 修改原本 PuzzleListPage 的測試，新增 MockCreatePuzzleCubit 並修改測試中與 Create 相關的測試程式碼。

我們只是重構了結構，測試也跟著大幅調整。在這個調整中，我們並沒有動到功能，使用者的行爲還是如先前一樣，但是測試卻要大幅調整，容易不小心就變成《Google 軟體工程之道》[1] 談到的「探測器測試」（change-detector tests）。

還有一種與孤立型測試相對的風格，我們稱呼其爲「社交型測試」，在這種測試中，我們更傾向於只作假那些我們難以控制的依賴，例如：HttpClient 或資料庫。

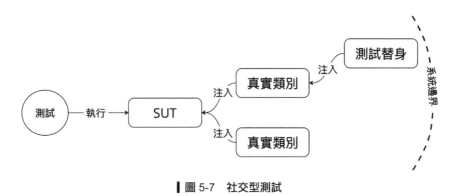

▎圖 5-7　社交型測試

其實哪種風格的測試並沒有絕對的好壞，而是可以依據需求來選擇不同的測試方式，讓我們在下一小節中嘗試使用社交型測試看看吧。另外，想再更深入了解這兩種風格的測試，也可以參考 Martin Fowler 部落格中的文章[2]。

---

†1　《Google 軟體工程之道》，2022 年，歐萊禮出版。

†2　Unit Test：https://martinfowler.com/bliki/UnitTest.html。

5.4 社交型 Widget 測試

5.4.1 PlayPuzzlePage 測試

我們剩下最後一個遊玩遊戲頁面要測試,先來看一下這個頁面有哪些使用情境:

◆ 遊玩遊戲

　➥ 移動數字方塊。

　➥ 移動圖片方塊。

◆ 顯示遊玩時間

　➥ 當遊戲尚未結束時,持續記錄當前遊戲時間。

　➥ 當遊戲結束後,記錄完成所花費時間。

在 PuzzleListPage 測試中,我們展示了如何在 Widget 測試中使用測試替身隔離 PuzzleListPage 之外的依賴。但在 PlayPuzzlePage 中,我們將展示如何寫社交型的 Widget 測試。在測試中,我們會使用到真實的狀態容器、使用案例類別與資料層類別。還記得前面在介紹 PuzzleRepository 測試的時候,我們展示了如何使用記憶體資料庫來測試嗎?我們打算也在 PlayPuzzlePage 的測試中使用記憶體資料庫,讓測試更貼近程式實際執行的狀況。

首先,讓我們先測試移動方塊情境,我們先從顯示遊戲畫面開始。

```
testWidgets("move number puzzle", (tester) async {
  final database = AppDatabase(NativeDatabase.memory());
  final puzzleRepository = PuzzleDbRepository(database.puzzleGamesDao);
  await tester.givenView(
```

```
    MultiProvider(
      providers: [
        Provider<PuzzleRepository>.value(value: puzzleRepository),
        Provider<MoveTileUseCase>.value(
          value: MoveTileUseCase(puzzleRepository),
        ),
      ],
      child: PlayPuzzlePage(id: 1),
    ),
  );
});
```

可以注意到，我們在準備 PlayPuzzlePage 的依賴時，MoveTileUseCase 與 Puzzle
Repository 都是使用真實類別，而資料庫的部分則是使用記憶體資料庫。

若我們直接執行測試，會發現測試錯了，原因是 PlayPuzzlePage 想讀取 id 為 1 的
Puzzle，但資料庫並不存在此筆資料。

```
──┤ EXCEPTION CAUGHT BY FLUTTER TEST FRAMEWORK ├────────
The following StateError was thrown running a test:
Bad state: No element


When the exception was thrown, this was the stack:
#0      List.single (dart:core-patch/growable_array.dart:353:22)
#1      Selectable.getSingle (package:drift/src/runtime/query_builder/statements/
query.dart:230:26)
<asynchronous suspension>
#2      PuzzleGamesDao.get (package:puzzle/puzzle/data/source/puzzle_games_dao.
dart:17:16)
<asynchronous suspension>
#3      PuzzleDbRepository.get (package:puzzle/puzzle/data/puzzle_db_repository.
dart:15:26)
```

　　如果我們想通過測試，那我們要如何準備資料呢？在過去的測試中，我們可以使用測試替身製作假資料，但是在這邊我們都是使用真實的類別，則怎麼製造測試用的資料呢？答案出乎意料地簡單，就用真實的類別來建立就好了，而且我們有很多選擇，例如：呼叫 CreatePuzzleUseCase 的 create、呼叫 PuzzleRepository 的 create 或者呼叫 PuzzleGamesDao 的 create，這些方法都可以用來建立 Puzzle 資料。

　　這三個方法中，若是選擇使用 CreatePuzzleUseCase，我們就需要處理隨機的問題，相較於其他兩個方法來說，要再麻煩一些，所以這邊我們用 PuzzleRepository 來建立 Puzzle 資料。

```
testWidgets("move number puzzle", (tester) async {
  final database = AppDatabase(NativeDatabase.memory());
  final puzzleRepository = PuzzleDbRepository(database.puzzleGamesDao);

  await puzzleRepository.create(puzzle(
    type: PuzzleType.number,
    tiles: [1, 2, 3, 4, 5, 6, 7, 0, 8],
  ));

  await tester.givenView(
    MultiProvider(
      providers: [
        Provider<PuzzleRepository>.value(value: puzzleRepository),
        Provider<MoveTileUseCase>.value(
          value: MoveTileUseCase(puzzleRepository),
        ),
      ],
      child: PlayNumberPuzzleView(id: 1),
    ),
  );
});
```

修改完測試之後，重新執行一下，測試綠燈。接著我們就來加入驗證的步驟，這邊我們簡單一點，驗證畫面有出現 1~8 的文字。

```
testWidgets("move number puzzle", (tester) async {
  // 省略準備資料

  await puzzleRepository.create(puzzle(
      type: PuzzleType.number,
      tiles: [1, 2, 3, 4, 5, 6, 7, 0, 8],
  ));

  await tester.givenView(
    MultiProvider(
      providers: [...,
      child: const PlayPuzzlePage(id: 1),
    ),
  );

  for (var i = 1; i < 9; i++) {
    expect(find.text("$i"), findsOneWidget);
  }
});
```

當我們執行測試後，會發現測試錯了，並回報畫面找不到文字「1」，怎麼會這樣呢？

```
───┤ EXCEPTION CAUGHT BY FLUTTER TEST FRAMEWORK ├───────
The following TestFailure was thrown running a test:
Expected: exactly one matching candidate
  Actual: _TextWidgetFinder:<Found 0 widgets with text "1": []>
  Which: means none were found but one was expected
```

此時讀者可能覺得很奇怪，看起來測試沒什麼問題，有正確呼叫 pumpWidget 渲染畫面，也有正確提供假資料，甚至如果有讀者實際去一步一步除錯會發現，PuzzleBloc 也有正常呼叫 PuzzleRepository 取得 Puzzle，並發送新狀態。

還記得我們先前提到的 Widget 測試並不會主動刷新畫面的機制嗎？假設我們使用 StatefulWidget，並在 Widget 中呼叫 setState 來刷新畫面，Flutter 就會自動刷新畫面，但是 Widget 測試則需要手動呼叫 pump 來主動刷新畫面。

當 PuzzleBloc 從 PuzzleRepository 取得 Puzzle，接著送出新狀態並被 BlocBuilder 監聽到的時候，BlocBuilder 也會使用 setState 來更新畫面。而在 Widget 測試中，由於渲染畫面之後沒有再次呼叫 pump，所以畫面還是維持在 pumpWidget 時給的初始狀態，也就是還沒有資料的畫面，也就理所當然找不到方塊上的數字了。

所以我們修改一下測試，在測試中呼叫 pump 來刷新畫面。

```
testWidgets("move number puzzle", (tester) async {
  // 省略準備資料

  await tester.givenView(
    MultiProvider(
      providers: [...],
      child: const PlayPuzzlePage(id: 1),
    ),
  );

  await tester.pump();

  for (var i = 1; i < 9; i++) {
    expect(find.text("$i"), findsOneWidget);
  }
});
```

可能有人會好奇，爲什麼前面的 PuzzleListPage 的測試中，我們就不需要呼叫 pump 方法來刷新畫面呢？其實是因爲我們 Mock 了 PuzzleListCubit，並設定了假資料，使得 PuzzleListCubit 一開始就有資料可提供給畫面使用，所以無須再次刷新頁面才有畫面。

但是在 PlayPuzzlePage 的測試中，由於我們使用眞實的 PuzzleBloc，這個眞實的 PuzzleBloc 在第一時間是沒有資料的，而是當 PlayPuzzlePage 渲染出來之後，才非同步去把 Puzzle 資料撈回來，所以要再刷新一次畫面，Puzzle 才會顯示在畫面上。

5.4.2　更準確的驗證

雖然我們驗證畫面顯示了方塊 1~8，測試也通過了，但是我們必須思考一個問題，那就是這樣的測試有達到我們的目的嗎？如果仔細想一想，這其實是有點問題的，我們只驗證了方塊 1~8 是否出現，卻沒有驗證數字是不是依照我們想要的位置排好，如果位置不對，縱使所有方塊都有出現，那也是嚴重的錯誤，所以我們除了需要驗證畫面有出現 1~8 之外，我們還得驗證每個數字的位置是不是正確的。

那我們怎麼取得每個數字的位置呢？如果我們看程式碼，會發現所有數字方塊都被放在同一個 Stack 中，並利用 Positioned 來安排每個數字方塊的位置。

```
Stack(
  children: [
    for (var tile in tiles)
      Positioned(
        top: tile.row * puzzleTileSize,
        left: tile.column * puzzleTileSize,
        child: TileView(
          tile: tile.value,
          puzzleType: puzzle.type,
          puzzleTileSize: puzzleTileSize,
```

```
      ),
    ),
  ],
),
```

既然我們知道位置被保存在 Positioned 中，我們就使用 find.byType 並帶入 Positioned 是不是就好了呢？就像下方程式碼展示的那樣，我們拿到所有數字方塊 的 Positioned，就能得到位置了嗎？

```
Finder finder = find.byType(Positioned);
Iterable<Positioned> positionedList = tester.widgetList<Positioned>(finder);
```

其實還是不夠的，雖然我們得到了所有 Positioned，但是我們還缺少最關鍵的資 訊：「每個 Positioned 與數字方塊的對應」。只有 Positioned 並不夠，因為我們並不 知道這個 Positioned 是哪個數字的 Positioned，自然也無法確認這個 Positioned 的 位置是否合理，那我們要如何處理呢？因此我們需要一些進階的用法。

5.4.3　組合各種 Finder

這邊我們使用 find.ancestor 來處理這個問題，這個 Finder 可以讓我們找到包含特 定 Widget 的 Widget，聽起來有點繞口令，我們直接看個例子。以找到方塊 1 的 Positioned 來說，我們可以使用 find.ancestor 方法，並在 matching 參數中指定我們 想找的目標是 Positioned，接著用 of 參數設定條件，指定 Positioned 底下的子孫 Widget 要包含 find.text("1")。透過這種方式，我們可以有效從眾多 Positioned 中篩 選出那個方塊 1 的 Positioned 的 Finder，如圖 5-8 展示的那樣。

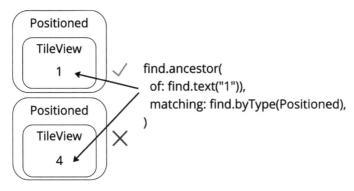

┃ 圖 5-8　用 find.ancestor 與 find.byType 尋找包含文字 1 的 Positioned

　　拿到 Positioned 的 Finder 之後，接著我們還需要透過 WidgetTester 的 widget 方法，將 Positioned 的 Finder 轉換成實際的 Positioned 後，這是為什麼呢？還記得先前我們介紹 Finder 時所說的，Finder 只是一個知道如何找到 Widget 的物件，而非該 Widget 本身，所以如果想取得 Finder 所找到的 Widget，還得透過一些額外的步驟。最後，我們使用 WidgetTester.widget 取得 Positioned，我們就能直接驗證 Positioned 中的欄位，來確認方塊位置是否正確。

```
final positionedFinder = find.ancestor(
  of: find.text("1")),
  matching: find.byType(Positioned),
);


final positioned = tester.widget<Positioned>(positionedFinder);


expect(positioned.top, 0);
expect(positioned.left, 0);
```

　　最後我們把所有位置的驗證都補上，在畫面中每個方塊位置座標是從方塊左上角開始計算，每個方塊的的大小為 90。以在最左上角方塊 1 來說，它的位置就是 (0, 0)，而方塊 1 右邊的方塊 2 則是 (0, 90)。

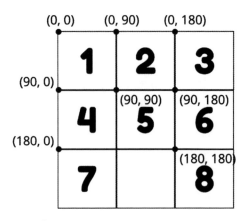

▌圖 5-9　每個 Positioned 的位置

以此類推，我們完成驗證剩下的方塊位置之後，再次執行測試，成功得到綠燈。

```
main() {
  testWidgets("move number puzzle", (tester) async {
    final appDatabase = AppDatabase(NativeDatabase.memory());
    final puzzleRepository = PuzzleDbRepository(
      appDatabase.puzzleGamesDao
    );

    await puzzleRepository.create(puzzle(
      type: PuzzleType.number,
      tiles: [1, 2, 3, 4, 5, 6, 7, 0, 8],
    ));

    await tester.pumpWidget(
      MultiProvider(
        providers: [
          Provider.value(value: GetPuzzleUseCase(puzzleRepository)),
          Provider.value(value: MoveTileUseCase(puzzleRepository)),
        ],
        child: const MaterialApp(home: PlayNumberPuzzleView(id: 1)),
```

```
      ),
    );


    await tester.pump();


    _numberPositionShouldBe("1", 0, 0);
    _numberPositionShouldBe("2", 0, 90);
    _numberPositionShouldBe("3", 0, 180);
    _numberPositionShouldBe("4", 90, 0);
    _numberPositionShouldBe("5", 90, 90);
    _numberPositionShouldBe("6", 90, 180);
    _numberPositionShouldBe("7", 180, 0);
    _numberPositionShouldBe("8", 180, 180);
  });
}


void _numberPositionShouldBe(String number, int top, int left) {
  final positionedFinder = find.ancestor(
    of: find.text(number)),
    matching: find.byType(Positioned),
  );


  final positioned = tester.widget<Positioned>(positionedFinder);


  expect(positioned.top, top);
  expect(positioned.left, left);
}
```

> 🔍 **小提醒** › **響應式設計**
>
> 在 Puzzle 專案中,我們直接在畫面中指定方塊的大小為 90,但是這可能會有些問題。在不同的手機中,手機大小與螢幕比例會不同,甚至某些手機太小,以致於無法完整顯示整個 Puzzle。如何為不同裝置大小設計可用的介面,也是 Flutter 開發中一個重要的議題,有興趣的讀者可以參考 Flutter 官方開發文件[3]。
>
> 以 Puzzle 專案來說,若我們不在程式中寫死方塊大小,在測試中驗證位置的時候,就也不是以 90 來計算,而是必須根據 Widget 測試中的畫面大小來調整。在 Widget 測試中,畫面預設的大小為 800×600,如果們希望方塊大小為 0.2 個螢幕寬的話,就得在測試中用 800×0.2=160 來計算預期位置。
>
> 如果我們還要考慮螢幕轉向的問題的話,這個問題還會比上面討論得更複雜,這邊我們就不深入討論了。

5.4.4 測試移動方塊

接著,我們要加入移動方塊的步驟,以模擬玩家移動方塊。讓我們修改一下測試案例,呼叫 WidgetTester 的 tap,讓測試點擊畫面中的方塊 8。最後調整預期,預期方塊 8 應該要移動到 (180, 90)。修改完之後,執行測試也就成功得到綠燈。同樣的,由於移動會修改狀態,所以也需要再次呼叫 pump 方法來更新畫面。

```
testWidgets("move number puzzle", (tester) async {
  // 省略準備資料

  await tester.pumpWidget(
    MultiProvider(
      providers: [
        Provider.value(value: GetPuzzleUseCase(puzzleRepository)),
        Provider.value(value: MoveTileUseCase(puzzleRepository)),
```

---

†3 Adaptive and responsive design in Flutter:https://docs.flutter.dev/ui/adaptive-responsive。

```
    ],
    child: const MaterialApp(home: PlayNumberPuzzleView(id: 1)),
  ),
);


await tester.pump();

await tester.tap(find.text("8"));
await tester.pump();

_numberPositionShouldBe("1", 0, 0);
_numberPositionShouldBe("2", 0, 90);
_numberPositionShouldBe("3", 0, 180);
_numberPositionShouldBe("4", 90, 0);
_numberPositionShouldBe("5", 90, 90);
_numberPositionShouldBe("6", 90, 180);
_numberPositionShouldBe("7", 180, 0);
_numberPositionShouldBe("8", 180, 90);
});
```

5.4.5　選擇適合的驗證方式

驗證位置的方法不止一種，如果熟練 Widget 測試的話，我們其實可以發現有多種驗證方式，像是我們也可以在使用 Finder 搜尋的時候，就直接指定 Positioned 的位置，像下方程式碼那樣。

```
final finder = find.descendant(
  of: find.byWidgetPredicate(
    (widget) =>
        widget is Positioned &&
        widget.top == 0 &&
```

```
        widget.left == 0,
    ),
    matching: find.text("1"),
);


expect(finder, findsOneWidget);
```

當位置或者對應的方塊不對時，Finder 就找不回任何 Widget，檢查自然就會不過。相較於前面的做法來說，這個做法不需要再把 Finder 轉換回 Positioned，而是直接檢查預期條件 Widget 是否存在。

但是在這種做法中，當位置不對的時候，錯誤訊息只會告訴我們找不到某個 Widget，我們不會知道這個錯誤位置的方塊到底是錯在哪邊，只知道找不到擁有正確位置與數字的 Positioned。

```
━━━━┥ EXCEPTION CAUGHT BY FLUTTER TEST FRAMEWORK ┝━━━━━━━
The following TestFailure was thrown running a test:
Expected: exactly one matching candidate
  Actual: _DescendantWidgetFinder:<Found 0 widgets with text "8" descending from
widgets with widget
matching predicate: []>
   Which: means none were found but one was expected
```

如果我們回頭看一下上一個做法的錯誤訊息，就會發現錯誤訊息明確指出了預期位置與實際位置的差別。

```
━━━━┥ EXCEPTION CAUGHT BY FLUTTER TEST FRAMEWORK ┝━━━━━━━
The following TestFailure was thrown running a test:
Expected: <90.0>
  Actual: <180.0>
```

　清楚的錯誤訊息能減少開發人員除錯的時間，尤其是在 Widget 測試，我們更應該謹慎地思考，當測試錯誤時，是否能在測試中提供更清楚的資訊，協助開發人員發現錯誤。

5.4.6　圖示化驗證

　回頭看看寫完的 PlayPuzzlePage 測試，光是 Provider 注入依賴，就不知道佔用了多少行了，顯然是需要重構。我們前面也談過「測試可讀性」的重要性，這邊就不再贅述，我們來重構這段程式碼吧。

　利用之前介紹的單元測試的重構技巧，我們可以先把測試重構一版，把不重要的依賴設置放到 setUp 中，並抽取 _givenPuzzle 方法隱藏細節，然後把複雜的顯示畫面隱藏到 _givenPlayPuzzlePage 方法中，最後把移動方塊的動作也抽到 _whenMove 方法中。

```
late PuzzleDbRepository _puzzleDbRepository;
main() {
  setUp(() {
    final appDatabase = AppDatabase(NativeDatabase.memory());
    _puzzleRepository = PuzzleDbRepository(appDatabase.puzzleGamesDao);
  });

  testWidgets("move number puzzle", (tester) async {
    await _givenPuzzle(puzzle(
      type: PuzzleType.number,
      tiles: [1, 2, 3, 4, 5, 6, 7, 0, 8],
    ));

    await _givenPlayPuzzlePage(tester);

    await _whenMove(tester, tile: "8");
```

```
      numberPositionShouldBe("1", 0, 0);
      numberPositionShouldBe("2", 0, 90);
      numberPositionShouldBe("3", 0, 180);
      numberPositionShouldBe("4", 90, 0);
      numberPositionShouldBe("5", 90, 90);
      numberPositionShouldBe("6", 90, 180);
      numberPositionShouldBe("7", 180, 0);
      numberPositionShouldBe("8", 180, 90);
    });
  }
```

最後，除了驗證方塊位置的部分程式碼之外，測試變得比較簡潔了，我們可以很清楚地看到幾個區塊：給定假資料、顯示畫面、移動方塊、驗證方塊位置。即使做了一輪重構之後，可以發現驗證的部分還是很臃腫，甚至很難快速看出每個數字的預期位置是否合理。

若我們想進一步重構的話，我們可以試著用二維陣列來表示每個數字的位置，就像真的數字推盤一樣，將方塊的位置用二維陣列突顯出來，隱藏比較不重要的座標資訊，讓閱讀測試的人也能更直接看出移動後的預期位置。

```
main() {
  setUp(() {...});

  testWidgets("move tile", (tester) async {
    _givenPuzzle(puzzle(
      type: PuzzleType.number,
      tiles: [1, 2, 3, 4, 5, 6, 7, 0, 8],
    ));

    await _givenPlayPuzzlePage(tester);
```

```
      await _whenMove(tester, tile: "8");


      await tester.pump(const Duration(seconds: 1));


      _puzzleShouldBe([
        ["1", "2", "3"],
        ["4", "5", "6"],
        ["7", "8", ""],
      ]);
  });
}


void _puzzleShouldBe(List<List<String>> puzzle) {
  for (var row = 0; row < 3; row++) {
    for (var column = 0; column < 3; column++) {
      if (puzzle[row][column].isEmpty) continue;

      _numberPositionShouldBe(
        puzzle[row][column],
        row * 90,
        column * 90,
      );
    }
  }
}
```

5.4.7 移動圖片方塊失敗

在我們的 puzzle 遊戲中有兩種形式，一種為「數字推盤」，另一個則是「圖片推盤」。在前面的測試中，我們已經測試了數字推盤移動成功的情境，現在我們用圖片推盤來測試移動失敗的情境：「當移動方塊失敗時，系統會出現移動方塊失敗提示訊息」。在這個測試中，我們會了解如何使用 Finder 來協助我們驗證圖片。

遊戲時間: 00:28

▍圖 5-10　圖片推盤遊戲畫面

首先，我們稍微複製一下移動數字方塊的測試，把資料準備與顯示畫面搬過來，並稍微調整一下內容，讓測試顯示圖片推盤遊戲。

```
testWidgets("move image tile fail", (tester) async {
  await _givenPuzzle(puzzle(
    id: 1,
    type: PuzzleType.image,
    tiles: [1, 2, 3, 4, 5, 6, 7, 0, 8],
  ));

  await _givenPlayPuzzlePage(tester, id: 1);
});
```

執行一下測試並得到綠燈，確保到目前為止寫的測試都沒問題。接著我們就要思考如何移動圖片方塊了，在原本數字推盤遊戲中，我們可以透過 find.text 方法找到方塊中的文字並點擊移動，而在圖片拼圖遊戲中，我們沒有文字可以搜尋，必須搜尋圖片來點擊，這時就需要 find.image 方法了。

　　由於圖片都是放在本地端，所以使用 find.image 時傳入 AssetImage，並帶入圖片位置，就能成功定位到圖片並點擊。

```
testWidgets("show image puzzle", (tester) async {
  await _givenPuzzle(puzzle(
    type: PuzzleType.image,
    tiles: [1, 2, 3, 4, 5, 6, 7, 0, 8],
  ));

  await _givenPlayPuzzlePage(tester);

  await tester.tap(find.image(const AssetImage("assets/puzzle_img_1.jpg")));
  await tester.pump();
});
```

　　還記得我們先前談論的移動失敗狀況嗎？只要使用者嘗試移動非鄰近空格的方塊時，Puzzle 的 move 方法會拋出例外，而 MoveTileBloc 則會接住例外，並推送移動失敗的狀態給畫面，我們也為這些邏輯分別加上了測試。現在來到畫面，當玩家點擊不可移動的方塊時，畫面收到來自 MoveTileBloc 的失敗狀態時，就會跳出一個系統提示，提醒玩家這個方塊無法移動。

　　所以，在測試的最後一步，我們簡單驗證畫面上是否有錯誤訊息即可。

```
testWidgets("move tile fail", (tester) async {
  _givenPuzzle(puzzle(
    type: PuzzleType.image,
    tiles: [1, 2, 3, 4, 5, 6, 7, 0, 8],
  ));
```

```
    await _givenPlayPuzzlePage(tester);

    await tester.tap(find.image(const AssetImage("assets/puzzle_img_1.jpg")));
    await tester.pump();

    expect(
        find.text("This tile cannot be moved. Please try moving another tile."),
        findsOneWidget);
});
```

到此，我們完成了 PlayPuzzlePage 最主要的移動方塊功能的測試了。但是在這個頁面中，除了移動方塊之外，在 Puzzle 上方會顯示遊玩時間，這個時間顯示功能也有一些邏輯需要被測試保護。

當遊戲還沒結束時，遊玩時間就會一直累計，直到玩家完成遊戲，才會停止計時。

5.4.8　Widget 測試中的時間測試

那我們要怎麼測試時間顯示的部分呢？先前我們介紹許多時間測試的方式，這邊就讓我們用 clock 來測試遊戲進行中的時間顯示吧。

在下面的測試中，我們設定現在時間為「2024-06-01 00:10:00」，而遊戲的開始時間為「2024-06-01 00:00:00」，且 puzzle 是正在進行中的狀態，所以我們理當顯示的遊戲時間是 10 分鐘。

```
testWidgets("show playing time when game is processing", (tester) async {
  withClock(Clock.fixed(DateTime.parse("2024-06-01 00:10:00")), () async {
    await _givenPuzzle(ongoingPuzzle(
      createdAt: DateTime.parse("2024-06-01 00:00:00"),
      updatedAt: DateTime.parse("2024-06-01 00:05:00"),
```

```
    ));

    await _givenPlayPuzzlePage(tester);

    expect(find.text("Playing time: 10:00"), findsOneWidget);
  });
});
```

🔍 **小提醒** ›　**避免在測試中使用相同資料**

可以看到在上面的測試中，我們故意讓 createdAt 與 updatedAt 的時間不同。假設我們簡單讓 createdAt 與 updatedAt 都使用相同的時間，例如：DateTime.parse("2024-06-01 00:00:00")，當在計算進行中的遊戲時間時，如果程式寫錯了，變成使用「現在時間 -updatedAt」，而不是「現在時間 -craetedAt」的話，測試也不會錯，因為 createdAt 與 updatedAt 在測試中都使用相同時間，此時這個測試就無法反映程式寫錯的狀況。

在設計測試資料時，如果情況允許的話，就儘量避免在不同資料中使用相同的數值，可以減少「邏輯是錯的，但測試卻通過」的狀況發生。

遊玩時間的計算並不複雜，有興趣的玩家也可以自行嘗試另一個情境：「當遊戲結束時，應該要顯示開始時間（createdAt）與最後更新時間（updatedAt）之間的時間」。

當所有測試都完成之後，這邊我們可做個小重構。如果我們把所有測試都用 IDE 工具縮起來的話，會發現 PlayPuzzlePage 包含了許多不同的測試，如測試時間、測試移動方塊等，全部擺在一起，在閱讀的時候，就需要測試全部看完，才知道某幾個測試是在測同一個功能。

```
main() {
  setUp(() {...});
```

```
  testWidgets("show playing time when game is ongoing", (tester) async {...});

  testWidgets("stop playing time when game is over", (tester) async {...});

  testWidgets("move number tile", (tester) async {...});

  testWidgets("move image tile fail", (tester) async {...});
}
```

這時我們可以利用 group 來將相關的測試放在一起，表示在同一個 group 中的測試是在測試同一個功能的不同情境。

```
main() {
  setUp(() {...});

  group("playing time", () {
    testWidgets("show playing time when game is ongoing", (tester) async {...});

    testWidgets("stop playing time when game is over", (tester) async {...});
  });

  group("move tile", () {
    testWidgets("move number tile", (tester) async {...});

    testWidgets("move image tile fail", (tester) async {...});
  });
}
```

除此之外，如果 group 裡頭的測試有一些比較不重要的共同設定，也能額外在 group 中多設定一個 setUp 方法。當測試程式執行時，就會先呼叫 main 方法中的 setUp，然後再呼叫 group 中的 setUp 方法。

```
main() {
  setUp(() {
    // 先呼叫
  });

  group("some group"), () {
    setUp(() {
      // 後呼叫
    });
  });
}
```

5.4.9　Widget 細部行為的測試

　　時間的顯示就這樣嗎？不，其實還有更多的邏輯。在時間顯示格式中，經過時間長度的不同，我們要顯示不同的格式，如下面表格一樣：

時間長度	時間格式
5 秒鐘	00:05
10 分鐘	10:00
1 小時又 10 分鐘	01:10:00
超過 100 小時	99:59:59

　　那我們要怎麼測試這個行為呢？其實我們可以重複使用 PlayPuzzlePage 的測試，我們上一段已經測試過了遊戲時間，我們可以繼續用類似的測試去測試不同時間格式。不過呢，若是一昧把所有測試都往同一個測試檔案塞，就會讓測試檔案變大，當我們想了解這個頁面有哪些行為時，就會比較辛苦。

　　為了避免這樣的狀況，我們可以適時把一些比較細節的行為放到子 Widget 的測試中，讓子 Widget 的測試負責更細節的測試。這邊我們直接測試顯示時間的 Widget，也就是 PlayingTimeView，讓我們來看看下面的測試。

```
main() {
  testWidgets("1:10:00", (tester) async {
    await tester.givenView(PlayingTimeView(
      puzzle: gameOverPositionedPuzzle(
        createdAt: DateTime.parse("2024-06-01 00:00:00"),
        updatedAt: DateTime.parse("2024-06-01 01:10:00"),
      ),
    ));

    expect(find.text("Playing time: 01:10:00"), findsOneWidget);
  });
}
```

　　由於這邊的測試重點為「時間格式」，而不是遊戲結束與否的時間顯示，所以這邊為了測試方便，我們直接給了已經結束的 PositionedPuzzle，如此一來，時間顯示就只需要設定「開始時間」與「結束時間」即可，省去注入假時間的工作。

　　那我們要如何決定哪些測試要放在外層 Widget 測試中，哪些又該放在子層 Widget 測試中呢？比較簡單的判斷是「邏輯在誰身上，測試就放在誰身上」。以時間來說，PlayingTimeView 就只是從 PositionedPuzzle 身上取得 Duration，並根據這個 Duration 來顯示時間，沒有其他判斷邏輯，所以時間格式的顯示適合放在 PlayingTimeView 的測試上。這只是一個簡單的準則提供給讀者判斷，至於如何放置，可以依據團隊習慣來調整。

　　在時間顯示格式的表格中，還有許多不同的案例，由於測試的方式都一樣，這邊我們就不繼續展開討論，有興趣的讀者可以自行嘗試。

5.5 路由測試

5.5.1 遊戲列表路由測試

我們在 5.3 小節中，成功讓測試跑起來並驗證畫面從 PuzzleListCubit 取得 Puzzle 列表之後，畫面會正確顯示「Number Game 1」，但是在我們列出的玩家使用情境中，其實還有一個後續行為，那就是當使用者點擊「Number Game 1」之後，應該要把玩家導到遊戲頁面。

我們繼續來測試這個行為吧。在開始測試之前，先建立一個新的測試檔案 puzzle_list_page_route_test.dart，為什麼我們要建立新的測試檔案呢？因為原本的遊戲列表測試已經變得有點長了，如果繼續往裡頭加測試的話，可能會造成閱讀上的困難，也由於路由測試需要的測試替身與原本的遊戲列表測試略微不同，所以我們這邊選擇將它們分開。

相同類別的測試中，我們可以根據不同的測試目的來拆分成不同的測試檔案，或者也可以因為測試不多，閱讀上不會有太大影響，而把它們放在一起，最終如何選擇，也同樣可以根據開發狀況與團隊習慣決定即可。

我們複製一下剛才完成的測試，並修改一下測試名稱。在測試中，顯示一個正在進行中的數字推盤遊戲，接著模擬使用者點擊的「Number Game 1」。

```
testWidgets("start to play ongoing game", (tester) async {
  _givenPuzzleList([
    const PuzzleInfo(id: 1, type: PuzzleType.number),
  ]);


  await _givenPuzzleListPage(tester);
```

```
    await tester.tap(find.text(l10n.number_game_title(1)));
});
```

維持好習慣，執行一下測試，確保到目前為止都沒問題。執行後發現測試錯了，而錯誤訊息提示找不到可以支援 RouteSettings("/game", 1) 的路由。

```
────┤ EXCEPTION CAUGHT BY FLUTTER TEST FRAMEWORK ├────────
The following assertion was thrown running a test:
Could not find a generator for route RouteSettings("/game", 1) in the _
WidgetsAppState.
Make sure your root app widget has provided a way to generate
this route.
Generators for routes are searched for in the following order:
 1. For the "/" route, the "home" property, if non-null, is used.
 2. Otherwise, the "routes" table is used, if it has an entry for the route.
 3. Otherwise, onGenerateRoute is called. It should return a non-null value for
any valid route not
handled by "home" and "routes".
 4. Finally if all else fails onUnknownRoute is called.
Unfortunately, onUnknownRoute was not set.
```

在正式環境中，我們可以在 MaterialApp 中設定路由，讓所有頁面都有一個自己的路由。但是在 Widget 測試中，我們的 MaterialApp 沒有設定任何路由，所以當 App 呼叫 Navigator 的 pushNamed 時，就會噴錯。

```
class GameItemView extends StatelessWidget {
  const GameItemView({super.key, required this.id});

  final int id;

  @override
  Widget build(BuildContext context) {
```

```
    return GestureDetector(
      onTap: () async {
        await Navigator.of(context).pushNamed("/game", arguments: id);
      },
      child: Container(...),
    );
  }
}
```

那麼我們要如何解決這個問題呢？用最簡單的方式就是設定 MaterialApp 的 onGenerateRoute 參數即可。

5.5.2　假 Route

在 MaterialApp 中有一個 onGenerateRoute 的參數，路由發生的時候，App 就會呼叫這個方法，並預期回傳一個 Route 物件給 Flutter，讓 Flutter 知道如何渲染與這個路由對應的頁面。在 Widget 測試中，當 onGenerateRoute 被呼叫到的時候，不管三七二十一，都直接回傳一個假的 StubRoute，使得任何路徑都能導到我們不在乎的空頁面。這個 StubRoute 只是對應了一個空的 SizedBox，因為我們希望它不要出錯就好，並不在乎被導到的畫面出現什麼元素。

```
class StubRoute extends MaterialPageRoute {
  StubRoute(RouteSettings settings)
      : super(
          settings: settings,
          builder: (context) => const SizedBox(),
        );
}
```

這邊我們調整一下 givenView 的擴充方法，讓 onGenerateRoute 的時候總是回傳 StubRoute，接著我們再次執行測試，測試就能正確通過了。

```
extension WidgetTesterExtension on WidgetTester {
  Future<void> givenView(Widget widget) async {
    await pumpWidget(MaterialApp(
      localizationsDelegates: const [AppLocalizations.delegate],
      supportedLocales: AppLocalizations.supportedLocales,
      onGenerateRoute: (settings) => StubRoute(settings),
      home: widget,
    ));
  }
}
```

5.5.3　NavigatorObserver

我們該來決定驗證步驟了。前面提到的所有測試中，我們都是明確驗證某個畫面上的元素來作爲結果。但是還記得嗎？我們剛才把所有頁面都導向一個假的空頁面，代表無法眞的路由到遊玩遊戲頁面去驗證畫面上的元素，那我們該怎麼驗證呢？

其實在 MaterialApp 上還有另外一個參數叫做「navigatorObservers」，這個參數可以傳入一群型別爲 NavigatorObserver 的觀察者，這群觀察者的工作就是「觀察路由改變的情況」，當頁面被切換後，這些 NavigatorObserver 身上的 didPush 方法就會被呼叫。這邊我們可以利用 NavigatorObserver 來驗證路由的情況，又是輪到 Mock 上場的時候了。

```
main() {
  setUp(() {...});

  testWidgets("start to play ongoing game", (tester) async {
    _givenPuzzleList([puzzle(id: 1)]);

    // 1. 準備測試替身
```

```
    registerFallbackValue(MockRoute());
    final mockNavigatorObserver = MockNavigatorObserver();


    await _givenPuzzleListView(tester, mockNavigatorObserver);


    await tester.tap(find.text(l10n.game_title(1)));

    // 3. 驗證是否有導到 /game 並帶入 game id
    final captured = verify(() => mockNavigatorObserver.didPush(
        captureAny(),
        any(),
    )).captured;
    expect(captured.last.settings.name, "/game");
    expect(captured.last.settings.arguments, 1);
  });
}


Future<void> _givenPuzzleListView(
  WidgetTester tester,
  NavigatorObserver navigatorObserver,
) async {
  await tester.givenView(
    BlocProvider<PuzzleListCubit>.value(
      value: _puzzleListCubit,
      child: const PuzzleListView(),
    ),
    // 2. 注入假 NavigatorObserver
    navigatorObservers: [navigatorObserver],
  );
}
```

　　除了修改原本的測試之外，同時也要稍微調整一下 givenView 擴充方法，讓其支援注入 NavigatorObserver。

```
extension WidgetTesterExtension on WidgetTester {
  Future<void> givenView(
    Widget widget, {
    List<NavigatorObserver>? navigatorObservers,
  }) async {
    await pumpWidget(MaterialApp(
      localizationsDelegates: const [AppLocalizations.delegate],
      supportedLocales: AppLocalizations.supportedLocales,
      // 支援注入 NavigatorObservers
      navigatorObservers: navigatorObservers ?? [],
      onGenerateRoute: (settings) => _DummyRoute(settings),
      home: widget,
    ));
  }
}
```

在上面修改完的測試中，爲了驗證路由結果，我們做了三件事情：

◆ **準備測試替身**：我們建立測 MockNavigatorObserver，同時註冊 MockRoute 到 mocktail 中，以便後續 captureAny 使用。

◆ **注入 MockNavigatorObserver**：把建立的 MockNavigatorObserver 放進 MaterialApp 的 navigatorObservers 中。當路由行爲眞的發生時，Flutter 框架會呼叫我們建立 的 Mock 類別。

◆ **驗證是否有導到 /game 並帶正確 game id**：在這一步中，我們使用 verify 來驗證 MockNavigatorObserver 的 didPush 方法是否有被呼叫到，並使用 captureAny 來輔助測試，那 captureAny 方法是用來做什麼的呢？其實 captureAny 方法功能 並不複雜，它的功能是把傳入 didPush 的參數記錄下來，方便我們後續對參數 進行額外的驗證。可以看到 verify 回傳了 captured 之後，我們就對 captured 的 結果驗證了路徑與路由參數是否正確。

測試完成之後，我們執行了一下測試，最後得到綠燈。但是看完這個測試，讀者可能會有幾點疑問，讓我們來一一解答。

5.5.4　captureAny 是什麼？

首先，我們爲什麼要使用 captureAny 呢？不能像之前一樣直接把預期的參數寫在 verfiy 中嗎？就像下列這段程式碼一樣，在 didPush 直接放入 Route 與它的 RouteSettings。

```
verify(() => mockNavigatorObserver.didPush(
  MaterialPageRoute(
    const RouteSettings(name: "/game", arguments: 1),
    (context) => PlayPuzzlePage(id: 1)
  ),
  any(),
)).called(1);
```

如果讀者實際上試過的話，就會發現測試失敗，因爲 verify 比較兩個 Route 是否一樣時，會直接比較兩個 Route 是不是相同實例。我們在 4.3 小節的 MoveTileBloc 的測試中，也有遇到類似的問題，那時我們使用了 TypeMatcher 與 HavingMatcher 解決。

在我們了解爲什麼使用 captureAny 後，我們接著來看另一個問題。不知道有沒有眼尖的讀者發現，在 expect 的 captured 的時候使用了 captured.last，爲什麼是 last？首先我們得知道爲什麼 captured 是個陣列，其實道理挺簡單的，因爲 didPush 可能在測試執行期間被呼叫很多次，而每一次的參數都會被 captureAny 捕捉，所以 captured 需要一個陣列來記錄每一次的輸入參數。

了解「爲什麼 captured 是個 List」之後，我們接著談談「爲什麼是拿最後一個而不是第一個或者第二個」。當 Widget 測試顯示測試頁面時，就已經會呼叫一次

didPush，並傳入「/」路徑，所以 captureAny 捕捉到的第一次的 didPush 參數，是我們顯示測試頁面的路由，而不是在測試中點擊 Number Game 1 產生的路由。理論上，我們點擊 Number Game 1 產生的路由應該是最後發生的，所以我們才會用 captured.last 來驗證。

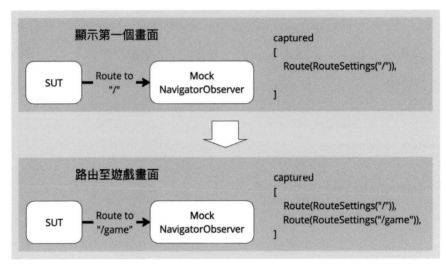

▎圖 5-11　captured 行為

5.5.5　RouteMatcher 重構

在前面的章節中，我們曾經用了許多 Matcher 來更好地表達測試的驗證語句。除了使用 Flutter 提供的各種 Matcher 之外，我們也可以自定義 Matcher 來改善驗證語句的可讀性，這邊我們自定義 RouteMatcher 來簡化路由的驗證邏輯。

在自定義的 RouteMatcher 中，它繼承 Matcher 並實作 describe 方法與 matches 方法。在 describe 方法中，我們可以加入一些除錯用的訊息，使其在驗證失敗時，這些除錯訊息會在主控台中顯示。接著是 matches 方法，這個方法回傳布林值，用來決定驗證是否通過。當中傳入參數的 item 是要驗證的目標，以 RouteMatcher 來說，item 傳進來的會是 didPush 的參數，所以直接把重構前的比較邏輯搬過來使用。

```
class RouteMatcher extends Matcher {
  final String routeName;
  final dynamic arguments;

  RouteMatcher({required this.routeName, this.arguments});

  @override
  Description describe(Description description) {
    return description.add("route name: $routeName, arguments: $arguments");
  }

  @override
  bool matches(item, Map matchState) {
    return item.settings.name == routeName &&
        item.settings.arguments == arguments;
  }
}
```

在下面的測試中，我們一樣使用 verify 來測試，與先前不同的，因爲測試不需要自己驗證傳入參數了，所以把 captureAny 調整成 any，傳入 RouteMather，並指定 routeName 與 argument。如此一來，當 verify 在驗證 didPush 方法的參數時，就會使用 RouteMatcher 來驗證，只要 didPush 的多次呼叫中，有一次符合 RouteMatcher 的規則，測試就會通過。

不過嚴格來說，這並不能算是重構，因爲當我們使用了 RouteMatcher 之後，測試的條件有稍微放寬成「只要程式有嘗試導頁到遊戲畫面即可」，而不限制於第一個或最後一個。

```
main() {
  setUp(() {...});

  testWidgets("start to play ongoing game", (tester) async {
```

```
    // 省略準備資料

    await tester.tap(find.text("Game 1"));

    verify(() => _mockNavigatorObserver.didPush(
      any(that: RouteMatcher(routeName: "/game", arguments: 1)),
      any(),
    ));
  });
}
```

剛才我們看了如何用 StubRoute 與 NavigatorObserver，來測試 PuzzleListPage 是否有成功導轉到 PlayPuzzlePage。同樣的，在 PlayPuzzlePage 中也同樣有導頁行為，只是這次不再是導到另一個頁面，而是要回到上一頁，也就是 PuzzleListPage。接著我們來看看返回上一頁的測試吧。

5.5.6　返回上一頁

在遊戲頁面中，玩家主要有兩個情境可以回到上一頁：

◆ 當遊戲正在進行時，畫面上會出現「離開」按鈕，按下按鈕後，可以暫時退回遊戲列表，之後再點進來繼續遊玩。

◆ 當玩家完成遊戲後，畫面會出現「結束遊戲」按鈕，按下按鈕後會退回遊戲列表。

在這兩個情境中，App 會呼叫 Navigator 的 pop 方法來離開。當 pop 方法被呼叫，NavigatorObserver 的 didPop 方法就會被呼叫到，所以我們可以透過觀測 didPop 的呼叫情況，來驗證是否有正常執行 Pop 行為。

這邊我們同樣使用 MockNavigatorObserver 的做法來試試看。我們拿著前面重構過的 Widget 測試來繼續調整，在 pumpWidget 的時候加入 mockNavigator Observer，最後使用 RouteMatcher 驗證結果。

```
testWidgets("finish game when game over", (tester) async {
  await _givenPuzzle(puzzle(
    type: PuzzleType.number,
    tiles: [1, 2, 3, 4, 5, 6, 7, 8, 0],
  ));

  await tester.pumpWidget(MultiProvider(
      providers: [
        Provider.value(value: _puzzleRepository),
        Provider.value(value: MoveTileUseCase(_puzzleRepository)),
      ],
      child: MaterialApp(
        // 加入 mockNavigatorObserver
        navigatorObservers: [mockNavigatorObserver],
        home: const PlayPuzzlePage(id: 1),
      )));
  await tester.pump();

  await tester.tap(find.text("Finish Game"));

  // 驗證是否呼叫
  verify(() => mockNavigatorObserver.didPop(
        captureAny(that: RouteMatcher(routeName: "/")),
        any(),
      ));
});
```

　　使用之前 verify 與之前重構的 RouteMatcher，能輕鬆完成這個測試。不過，同樣的，路由的測試也並非只有一種方法。如果有讀者對 Flutter 框架夠熟悉，可能會想反正我們都需要一個 Mock，那為何不 MockNavigator 呢？如果 Mock 掉 Navigator，當 App 實際使用 Navigator 的 push 或 pop 方法時，就不會真的進行頁面導轉，也就不需要 StubRoute 的存在了。

5.5.7 mockingjay

其實已經有大神幫忙製作出類似的套件，叫做「mockingjay」[†4]。而 mockingjay 的用法也很簡單，就如同上面所說的，我們會需要建立 MockNavigator，並包在待測 Widget 的外面，當包在裡頭的 Widget 嘗試使用 Navigator.of(context) 取得 Navigator 時，就會得到我們 Mock 的 Navigator。話不多說，我們實際使用這個套件來改寫一下上面的測試案例吧。

```
testWidgets("finish game when game over", (tester) async {
  await _givenPuzzle(puzzle(
    type: PuzzleType.number,
    tiles: [1, 2, 3, 4, 5, 6, 7, 8, 0],
  ));

  // 準備 MockNavigator
  var navigator = MockNavigator();
  when(navigator.canPop).thenReturn(true);
  await tester.givenView(MultiProvider(
      providers: [
        Provider.value(value: _puzzleRepository),
        Provider.value(value: MoveTileUseCase(_puzzleRepository)),,
      ],
      // 用 MockNavigatorProvider 注入 MockNavigator
      child: MockNavigatorProvider(
        navigator: navigator,
        child: const PlayPuzzlePage(id: 1),
      )));
  await tester.pump();
```

---

†4　Mockingjay：https://pub.dev/packages/mockingjay。

```
  var text = "Finish Game";
  await tester.tap(find.text(text));

  // 驗證 Mock 的互動狀況
  verify(() => navigator.pop(true)).called(1);
});
```

可以發現使用 mockingjay 的測試，與先前的 MockNavigatorObserver 並沒有相差太多。我們同樣都需要作假一些東西，並想辦法把 MockNavigator 放到 Widget樹中，最後使用 verify 來驗證 Mock 的互動。

雖然我們只展示了用 mockingjay 來測試 PlayPuzzlePage 的「回到上一頁」功能，但是 mockingjay 也同樣可以用在我們先前 PuzzleListPage 的頁面 push 的功能上，這邊我們就不多做展示，有興趣的讀者可以嘗試修改看看。

讓我們繼續往下看路由測試的最後一段。

5.5.8　返回上一頁的後續行為

當玩家從 PlayPuzzlePage 按下「離開」按鈕之後，App 除了將頁面退回 PuzzleListPage 之外，也會把遊戲是否結束的資訊回傳給 PuzzleListPage，PuzzleListPage就能根據遊戲是否結束來決定是否更新遊戲列表。

```
GestureDetector(
  onTap: () async {
    var puzzleListCubit = context.read<PuzzleListCubit>();
    bool? isFinish = await Navigator.of(context).pushNamed(
      "/game",
      arguments: name.id,
    );
    if (isFinish == true) {
```

```
      puzzleListCubit.load();
    }
  },
)
```

當玩家完成了遊戲，並退回遊戲列表頁面後，遊戲列表頁面就會呼叫 Puzzle ListCubit 來更新遊戲列表，把剛才已經結束的遊戲列表從畫面中移除。

那我們要怎麼測試呢？首先讓我們完成前面的部分吧。先複製前面的測試，讓測試模擬玩家按下「Number Game 1」，並打開遊玩遊戲頁面（這邊在測試中實際開啟的是 StubRoute 的空白畫面）。

```
testWidgets("navigator back from play puzzle", (tester) async {
  _givenPuzzleList([
    const PuzzleInfo(id: 1, type: PuzzleType.number),
  ]);

  await tester.givenView(
    BlocProvider<PuzzleListCubit>.value(
      value: _puzzleListCubit,
      child: const PuzzleListView(),
    ),
  );

  await tester.tap(find.text(l10n.number_game_title(1)));
  await tester.pump();
});
```

當開啟遊戲之後，我們就要想辦法來模擬 pop 操作了。在正式程式碼中，我們若想回到上一頁，可以呼叫 Navigator 的 pop 方法來完成。而在測試中，我們也可以利用相同的概念來完成，但是我們怎麼取得 Navigator 呢？

在 MaterialApp 的參數中，有一個 navigatorKey 參數，這個參數可以讓我們傳入一個 GlobalKey<NavigatorState>，讓外部有機會透過這個 GlobalKey 來控制 Navigator 的狀態。而在測試中，我們也可以利用這個參數來呼叫 pop 方法。

首先，我們可以在測試中宣告一個 GlobalKey<NavigatorState> 變數，並將它傳入 MaterialApp 中。接著開啟遊玩遊戲畫面之後，呼叫 navigator,currentState?.pop 方法來把頁面導回上一頁，並設定結果為 true，表示遊戲結束（這邊也會需要同步調整 WidgetTester 的擴充方法 givenView，新增 nvaigatorKey 參數）。

```
testWidgets("navigator back from play puzzle", (tester) async {
  // 省略準備資料

  GlobalKey<NavigatorState> navigatorKey = GlobalKey();

  await tester.givenView(
    BlocProvider<PuzzleListCubit>.value(
      value: _puzzleListCubit,
      child: const PuzzleListView(),
    ),
    navigatorKey: navigatorKey,
  );

  await tester.tap(find.text(l10n.number_game_title(1)));
  await tester.pump();

  navigatorKey.currentState?.pop(true);
  await tester.pump();
});
```

最後，我們就能用 Mock 驗證從遊玩遊戲頁面回來之後，有沒有正確呼叫 PuzzleListCubit 的 load 方法來更新遊戲列表了。

```
verify(() => _puzzleListCubit.load()).called(1);
```

5.6　我該測試什麼？

在開始下一段測試之前，讓我們來討論一個有趣的議題，那就是「我該測試什麼？」

當我們知道怎麼寫 Widget 測試之後，很快就會碰到一個問題，那就是「我該測試什麼」，這個問題在單元測試的時候好像不是很明顯，因為我們通常驗證的是方法的輸出或物件身上的狀態，有十分具體的答案。

但是在 Widget 測試中，對於一件事情，我們似乎有很多可以驗證的點，我們都知道測試應該是要驗證功能是否正確，這個定義似乎很清楚，但是實際開始寫的時候，到底要驗證什麼，才能說功能是正確的呢？

5.6.1　什麼是需求？

若是以 Scrum 開發流程來說，開發人員在開工前可能參加 Planning，討論這個 Sprint 要做什麼，針對不同的任務討論這邊的功能是如何如何，那邊的行為是如何如何，可能也會收到一份來自 UI/UX 設計師提供的設計稿，上面標示按鈕要多大、對話框要放在什麼位置、背景要什麼顏色、字體要用多大。接著回到團隊，又會從系統角度開始討論任務要如何完成、架構應該怎麼調整、出錯時怎麼送出通知等。最後每個任務都包含了很多各種需求，其中有商業需求、工程需求、有增加使用者體驗的設計需求。

5.6.2　把時間花在刀口上

如果我們擁有無限的時間，那我們當然可以把商業需求與增加使用者體驗的需求都加上測試，既確保了功能正常，也確保了使用者可以有最好的體驗。但現實總是殘酷的，只要產品還在發展，我們就會有無止盡的工作，必須評估每個任務的價值。如果我們發現花時間寫的東西的效益不高，那我們應該與團隊討論，決定是否轉頭去做更有價值的事情。

依照這個原則，我們大多時候就不會選擇去驗證顏色或字體大小，甚至是 UI 元件擺放的位置對不對，而是在眾多可以驗證「功能正確」的畫面元素中，找一個最具代表性的畫面元素來驗證。若以這個原則來說，我們前面做了這麼多的測試，其實也是值得好好思考哪些情境應該測試、哪些地方的測試效益不高。

5.6.3　顏色就不重要嗎？

那是不是顏色或字體大小就不重要了呢？非也，想像一下，假設我們今天是在開發一個小畫家的功能，那我們需不需要測試使用者用紅色畫筆在畫布上畫出的是紅色線條呢？或者我們的程式如果可以讓使用者調整字體大小，在這種情況下，我們是不是該測試使用者調整後，字體有沒有如預期變大或變小呢？

其實我們無法一概而論地說：什麼東西不重要一定不用測試，什麼東西重要一定要測試，更多時候是依據領域與商業價值來決定。像是顏色對不對，對於小畫家來說挺重要的，但是對於新聞 App 來說可能還好，領域不同，重要的東西也不同。

確保我們在寫有用的測試，也是身為專業開發人員的職責，我們必須要把時間花在有價值的地方。就像 Kent Beck 說：「I get paid for code that works, not for tests」[5]，我們寫測試的最終目的還是爲了可用的程式，追求每一個角落都要被測試，可能反而本末倒置。

5.7 本章小結

◆ Widget 測試是 Flutter 提供的測試工具，用來模擬使用者操作畫面，並驗證畫面顯示。它提供比單元測試更全面的測試，執行速度快且穩定。

◆ Finder 是用於尋找 Widget 的物件，可用來找文字、圖示、按鈕等元素。除了可以用來作爲模擬使用互動的目標，也可以拿來驗證畫面最終結果。

◆ 在實務中，使用孤島型測試能縮小測試範圍，讓錯誤發生時，能更快定位錯誤發生的地方，但同時過多的使用測試替身，也會影響重構。而使用社交型 Widget 測試，能讓測試更接近程式的實際執行狀況，讓測試只對功能敏感，而對架構不敏感。

◆ Widget 測試除了用來測試頁面的功能之外，也會拿來測試頁面之間的路由切換。從導到下一頁、回到上一頁，還能測試拿來導頁之後的後續行爲。

◆ 在進行測試時，開發者需根據需求和商業價值，選擇性地測試功能的關鍵點，以達成功能驗證的目的，而非追求每個細節都測試，這樣才能將時間花在眞正有價值的地方。

---

[5] I get paid for code that works, not for tests：https://stackoverflow.com/questions/153234/how-deep-are-your-unit-tests。

6

CHAPTER

深入 Widget 測試

6.1　外部連結測試

6.1.1　打開 Puzzle 介紹連結

在開發 App 的時候，當我們想用瀏覽器開啓連結時，大多會使用 url_launcher[1] 套件來幫忙處理，這是一個 Flutter 官方開發的套件。除此之外，其他像是寄送電子信件或者發送簡訊，也能用 url_launcher 開啓相對應的應用程式來處理，而用法也很簡單，只要定義好 Uri，直接當參數呼叫 launchUrl 這個靜態方法即可。

```
// 打開特定網址
launchUrl(Uri.parse("https://www.google.com"));
// 寄送電子信件
launchUrl(Uri(scheme: 'mailto', path: 'paul@gmail.com'));
// 寄送簡訊
launchUrl(Uri(scheme: 'sms', path: '0912345678'))
```

在我們的 Puzzle 程式中，玩家點擊在遊戲列表頁面下方的「什麼是數字推盤遊戲？」連結，App 就會使用外部瀏覽器打開數字推盤遊戲的維基百科頁面。

---

[1]　url_launcher：https://pub.dev/packages/url_launcher。

▎圖 6-1　數字推盤遊戲介紹連結

做法其實就是使用 TextButton，接著在 TextButton 的 onTap 參數中呼叫 lauchUrl 方法，並在 lauchUrl 中直接傳入數字推盤遊戲的維基百科連結即可。

```
TextButton(
  onPressed: () {
    launchUrl(Uri.parse("https://en.wikipedia.org/wiki/15_puzzle"));
  },
  child: Text(AppLocalizations.of(context)!.what_is_n_puzzle),
)
```

這功能雖然簡單，實作起來也不複雜，但若是要測試，可能就沒這麼容易了。那困難點是什麼呢？讀者仔細想一下就會發現「在 onTap 中是直接呼叫靜態方法 launchUrl」，那我們要怎麼測試靜態方法被呼叫到呢？在先前的測試中，若我們想測試某個方法是否被呼叫，都是先建立一個 Mock 類別，並把 Mock 注入到 SUT 中，最終驗證 Mock 的某個方法的互動狀況。

但是靜態方法本身並不依賴於類別實例，所以我們自然無法使用 Mock 來驗證，那我們要怎麼測試呢？答案其實還是得透過 Mock 的協助，那我們要怎麼用 Mock 來驗證 lauchUrl 這個靜態方法是否被呼叫到呢？讓我們看下去。

6.1.2　測試外部連結

讓我們完成測試的前半部:「準備資料」與「點擊連結」,相信各位讀者已經很熟練了,所以我們就快轉到驗證的部分。

```
testWidgets("open puzzle link", (tester) async {
  _givenPuzzleList([]);

  await _givenPuzzleListView(tester);

  await tester.tap(find.text(localization().what_is_n_puzzle));

  // 驗證是否正確打開連結
});
```

那我們要怎麼驗證呢?最理想的話,我們最好是驗證程式是否有真正打開瀏覽器來顯示數字推盤遊戲的網頁,但實際上我們是做不到這件事,畢竟外部瀏覽器已經不屬於 Flutter 的控制範圍了,所以自然也無法在 Widget 測試中驗證,我們需要另一個方法。

6.1.3　作假 UrlLauncherPlatform

首先,我們必須先建立 MockUrlLauncherPlatform,UrlLauncherPlatform 是 launchUrl 方法內部中使用的類別,主要用來執行 launchUrl 功能的類別。只要我們想辦法把 launchUrl 裡面用到的實作替換成我們建立的 MockUrlLauncherPlatform,則當 launchUrl 被呼叫到的時候,我們就能透過檢查 MockUrlLauncherPlatform,來判斷是否有嘗試打開外部瀏覽器。

　　為了建立 MockUrlLauncherPlatform，我們必須先在專案中加入一些依賴，讓專案認識 UrlLauncherPlatform。使用以下指令，可以在專案中加入 url_launcher 介面相關的套件。

```
flutter pub add --dev plugin_platform_interface
flutter pub add --dev url_launcher_platform_interface
```

接著我們一樣使用 mocktail，來定義 MockUrlLauncherPlatform 類別。

```
class MockUrlLauncherPlatform extends Mock
        with MockPlatformInterfaceMixin
    implements UrlLauncherPlatform {}
```

　　除了實作 UrlLauncherPlatform 之外，我們還在 MockUrlLauncherPlatform 上面額外掛了一個 MockPlatformInterfaceMixin，當我們嘗試替換 UrlLaucherPlatform 的實作時，套件會檢查替換的類別有沒有掛 MockPlatformInterfaceMixin，如果有才能換，避免開發人員在正式程式碼中隨意替換。

　　如果我們看 MockPlatformInterfaceMixin 的原始碼，會發現它只有實作一個介面，而且又是什麼實作都沒有的抽象類別，再加上掛了一個 visibleForTesting 的 Annotation，其實便很明顯知道這個類別的意圖，就只是拿來測試用的。

```
@visibleForTesting
abstract class MockPlatformInterfaceMixin implements PlatformInterface {}
```

　　最後也是很重要的步驟，我們需要建立 MockUrlLauncherPlatform，並把它設定給 UrlLauncherPlatform.instance。若是 MockUrlLauncherPlatform 少加了 MockPlatformInterfaceMixin，設定 UrlLauncherPlatform.instance 時就會失敗。

```
final mocUrlLauncherPlatform = MocUrlLauncherPlatform();
UrlLauncherPlatform.instance = mocUrlLauncherPlatform;
```

是不是比想像中的簡單呢？其實這也是因為 url_launcher 設計的時候，就已經有考慮測試，所以要測試它並不困難。解釋了這麼多，讓我們來完成測試吧。既然已經有了 MockUrlLauncherPlatform，驗證的就是大家熟悉的，即用 verify 驗證程式是否有正確呼叫 lauchUrl 方法。

```
testWidgets("open puzzle link", (tester) async {
  registerFallbackValue(const LaunchOptions());
  _mocUrlLauncherPlatform = MocUrlLauncherPlatform();
  UrlLauncherPlatform.instance = _mocUrlLauncherPlatform;
  when(() => _mocUrlLauncherPlatform.launchUrl(any(), any()))
    .thenAnswer((_) async => true);

  _givenPuzzleList([]);

  await _givenPuzzleListView(tester);

  await tester.tap(find.text(localization().what_is_n_puzzle));

  // 驗證是否正確打開連結
  verify(() => _mocUrlLauncherPlatform.launchUrl(
    "https://en.wikipedia.org/wiki/15_puzzle",
    any(),
  ));
});
```

官方提供的套件大多會有開一些測試介面讓我們測試，例如：Firebase 的各項服務。如果在測試上遇到困難，不妨參考一下文件，說不定會意外發現一些以前不知道的使用方法。

> 📷 **小知識** 〉 **Singleton 與全域變數**
>
> 在寫程式的時候，我們常常想要偷懶，為了方便而把狀態或方法變成 Singleton 或全域方法變數，這樣就能隨時隨地使用，但是這在測試的時候，就會發現我們很難測試，因為我們無法做假這些全域變數。
>
> 但是，有時會有一些遺留程式碼採用類似的設計，我們無法在短時間內修改設計，因為影響範圍可能很大，那我們就不寫測試了嗎？其實一些方法可以解決問題。讓我們來試著用上面的例子來試試。

6.1.4 提取並覆寫呼叫（Extract and Override Call）

在《Working Effectively with Legacy Code 中文版》中，有提到一招處理遺留程式碼的技術：「提取並覆寫呼叫」（Extract And Override Call），這項技術讓我們可以在測試中隔離局部的副作用，讓我們只測試我們想測的部分。我們來看看如何運用這個方法來處理 launchUrl 的問題吧。

先前我們看到的 PuzzleListPage 的 TextButton 程式碼中，程式會在 TextButton 被按下以後，執行 onPressed 打開網站，這邊我們可以把 onPress 的內容獨立抽取一個新的方法，讓 TextButton 改用這個新的方法。

```
TextButton(
  onPressed: () {
    open("https://en.wikipedia.org/wiki/15_puzzle");
  },
  child: Text(
    AppLocalizations.of(context)!.what_is_n_puzzle,
  ),
)
```

新抽出來的方法也放在 PuzzleListView 中。

```
class PuzzleListView extends StatelessWidget {
  @override
  Widget build(BuildContext context) {
    // 省略畫面建立程式碼
  }


  void open(String uri) {
    launchUrl(Uri.parse(uri));
  }
}
```

接著就能開始測試了。首先我們製作測試用的 PuzzleListView：TestPuzzleList
View，並且覆寫剛剛抽出來 open 方法。當有人呼叫到 TestPuzzleListView 的 open
方法時，把這傳入的 url 參數記錄起來，之後就能透過驗證紀錄的參數，來確保程
式有呼叫到 open 方法，並帶入正確參數。

```
class TestPuzzleListView extends PuzzleListView {
  String? uri;

  @override
  void open(String uri) {
    this.uri = uri;
  }
}
```

最後測試完成如下，可以在測試中看到，我們直接使用 TestPuzzleListView 來測
試，而不是先前看到的 PuzzleListView。

```
main() {
  testWidgets("open puzzle link without mock", (tester) async {
    _givenPuzzleList([]);
```

```
    final testPuzzleListView = TestPuzzleListView();
    await tester.givenView(MultiProvider(
      providers: [
        Provider<CreatePuzzleUseCase>.value(value: _createPuzzleUseCase),
        Provider<GetOngoingPuzzlesUseCase>.value(value: _getOngoingPuzzlesUseCase),
      ],
      child: testPuzzleListView,
    ));
    await tester.pump();

    await tester.tap(find.text(localization().what_is_n_puzzle));

    expect(
      testPuzzleListView.uri,
      equals("https://en.wikipedia.org/wiki/15_puzzle"),
    );
  });
}
```

使用這種方式，我們就不需要真的做假 UrlLauncherPlatform，就能測試「打開連結」的行為了。這項技術不只能用在 Widget 上，也能用在任何類別上，讓我們得以在不改變原有物件的原有行為的狀況下進行測試。

6.1.5　提取並覆寫呼叫的缺點

「提取並覆寫呼叫」（Extract And Override Call）看似方便，其實仔細想想，就會發現並不是最好的方式。因為我們可能會在許多 Widget 都使用 launchUrl，意味著我們可能在每個需要的 Widget 都做一次重複的事情，這顯然提高了測試成本。

相較於「提取並覆寫呼叫」，使用 UrlLauncherPlatform 的測試介面來測試還是比較方便，甚至回歸使用更有彈性的設計。例如：使用 Adapter 模式製作一個

UrlLauncherAdapter 封裝打開連結的操作，並使用依賴注入把 Adapter 注入到 Widget 中，讓 Widget 有一個接縫可以測試。

使用「提取並覆寫呼叫」，可以讓我們有方法可以測試這些遺留程式碼，當我們有了測試之後，那我們就應該把這些不好的設計調整成更彈性的方式，在有測試的保護下動手重構，避免技術債的持續累積。

6.2　模擬時間流逝

6.2.1　Timer 的測試

大多時候，我們的程式都是依照順序執行的，但是有時我們會希望任務可以等個幾秒鐘後再執行，例如：在系統上方顯示新訊息的提示，並在 2 秒後消失。若要達到這個功能，我們可能會使用 Timer，並設定延遲秒數來達到這個功能。

讓我們稍微修改一下我們的 Puzzle 專案。在建立遊戲成功之後，顯示一行訊息讓玩家知道建立成功，然後在 3 秒後把建立成功的訊息隱藏。

```
class NewGameButton extends StatefulWidget {
  const NewGameButton({super.key});

  @override
  State<NewGameButton> createState() => _NewGameButtonState();
}

class _NewGameButtonState extends State<NewGameButton> {
  bool _isCreateSuccessMessageShow = false;
```

```
@override
Widget build(BuildContext context) {
  return Column(
    mainAxisSize: MainAxisSize.min,
    crossAxisAlignment: CrossAxisAlignment.center,
    children: [
      Text(...),
      const SizedBox(height: 8),
      Row(...),
      const SizedBox(height: 8),
      Text(
        _isCreateSuccessMessageShow ? "Create Success" : "",
        style: const TextStyle(color: Colors.red),
      ),
    ],
  );
}


Future<void> _createGame(BuildContext context, PuzzleType puzzleType) async {
  await context.read<PuzzleListCubit>().create(puzzleType);
  setState(() => _isCreateSuccessMessageShow = true);
  Timer(const Duration(seconds: 3), () {
    if (mounted) {
      setState(() => _isCreateSuccessMessageShow = false);
    }
  });
}
}
```

　　修改完程式之後，我們也同步修改了建立遊戲的測試，讓測試也驗一下「建立成功」的訊息。

```
testWidgets("create new number game", (tester) async {
  _givenCreatePuzzleOk(PuzzleType.number);
  _givenPuzzleList([
    puzzle(
      type: PuzzleType.number,
      tiles: [1, 2, 3, 4, 5, 6, 7, 0, 8],
    )
  ]);

  await _givenPuzzleListView(tester);

  await tester.tap(find.text(l10n.number));
  await tester.pump();

  verify(() => _createPuzzleUseCase.create(PuzzleType.number)).called(1);
  expect(find.text(l10n.create_success), findsOneWidget);
});
```

但是會發現測試壞了,如果到主控台去看錯誤訊息,會發現錯誤既不是發生在 verify 驗證,也不是找不到「建立成功」訊息,而是提示「測試還有未結束」的 Timer。如果從錯誤訊息中連結到相關的錯誤程式碼,會發現錯的正是剛剛加入的 Timer。

```
Pending timers:
Timer (duration: 0:00:03.000000, periodic: false), created:
#0      new FakeTimer._ (package:fake_async/fake_async.dart:308:62)
#1      FakeAsync._createTimer (package:fake_async/fake_async.dart:252:27)
#2      FakeAsync.run.<anonymous closure> (package:fake_async/fake_async.dart:
185:19)
#6      _NewGameButtonState._createGame (package:puzzle/puzzle/presentation/puzzle_
list/view/new_game_button.dart:82:12)
<asynchronous suspension>
(elided 3 frames from dart:async)
```

　　這個錯誤也提醒我們應該要在 Widget 結束時取消 Timer，畢竟 Widget 都已經消失了，Timer 也就沒有存在的必要。爲了避免 Timer 在 Widget 結束後還繼續存在，我們必須在 dispose 方法中加上「取消 Timer」，然後測試就能正常通過了。

```
class NewGameButton extends StatefulWidget {
  const NewGameButton({super.key});

  @override
  State<NewGameButton> createState() => _NewGameButtonState();
}


class _NewGameButtonState extends State<NewGameButton> {
  bool _isCreateSuccessMessageShow = false;
  Timer? timer;

  @override
  void dispose() {
    timer?.cancel();
    super.dispose();
  }


  @override
  Widget build(BuildContext context) {
    return Column(
      mainAxisSize: MainAxisSize.min,
      crossAxisAlignment: CrossAxisAlignment.center,
      children: [...],
    );
  }


  Future<void> _createGame(BuildContext context, PuzzleType puzzleType) async {
    await context.read<PuzzleListCubit>().create(puzzleType);
    setState(() => _isCreateSuccessMessageShow = true);
```

```
    _timer = Timer(const Duration(seconds: 3), () {
      if (mounted) {
        setState(() => _isCreateSuccessMessageShow = false);
      }
    });
  }
}
```

避免 Widget 消失之後，還存在不必要的 Timer，除了能避免測試錯誤之外，也能讓執行的時候節省資源。在撰寫測試遇到問題時，我們必須仔細查看，有時這些問題可能暗示著某些正式環境會有的問題。

6.2.2　無法自主結束的 Timer

有時我們希望這些 Timer 在 Widget 結束之後繼續存在，這時就會造成測試的麻煩。一個常見的例子就是 Toast，我們常常會用 Toast 來提示使用者一些資訊，這些 Toast 會在需要的時候，從畫面上方或下方彈出，並在幾秒後自動消失。這些 Toast 有時是全域的，即便離開頁面了，Toast 也會持續顯示，直到時間到或者使用者主動關閉。

在這個例子中，我們就無可避免在 Widget 結束後還有存在的 Timer，那我們要怎麼處理這種狀況呢？其實方法也很簡單，我們只要等 Toast 時間到結束即可。利用 tester.binding.delayed 方法，並傳入適當時間區間，讓它等到 Toast 消失，測試也就能順利通過了。

```
await tester.binding.delayed(const Duration(seconds: 3));
```

可能有讀者會好奇，就像我們之前測試 Scheduler 講的一樣：是不是這樣測試，就得真的執行 3 秒？其實不是，其實 delayed 方法裡面做的事情跟我們在 4.5 小節中做的一樣，都是使用 fake_async 來模擬時間流動，而不是真的等 3 秒。

除了使用 tester.binding.delayed 來模擬時間流逝之外，在 pump 方法中，我們也可以選擇性帶入 Duration 來指定 pump，讓刷新畫面的同時順便模擬時間流動。我們用另外一個例子來看看怎麼使用吧。

6.2.3　模擬動畫時間流逝

有時我們會在畫面中加入動畫效果來提升使用者體驗。而我們在測試的時候，就會需要透過呼叫 pump 加上時間來讓動畫成功執行，否則只是單純呼叫 pump 的話，動畫就會還是停留在初始狀態，使得畫面不如預期造成測試失敗。

在 Puzzle 遊戲中，當玩家點了某個方塊之後，方塊會在一瞬間就移動到空格處，這就有點太直接了。為了增加使用者體驗，我們把原本設定方塊位置的 Positioned 調整為 AnimatedPositioned，這樣一來，當玩家點擊方塊之後，方塊就會依照設定的動畫時間來移動方塊，讓玩家看到方塊移動的過程，而不是一瞬間就移動到最終位置。

```
Stack(
  children: [
    for (var tile in tiles)
      AnimatedPositioned(
        duration: const Duration(milliseconds: 200),
        top: tile.row * puzzleTileSize,
        left: tile.column * puzzleTileSize,
        child: TileView(
          id: id,
          tile: tile.value,
```

```
      puzzleType: puzzle.type,
      puzzleTileSize: puzzleTileSize,
    ),
  ),
 ],
)
```

　　那我們能不能測試這段動畫邏輯呢？答案是「可以的」，在上方程式碼中設定的時間為 200 毫秒，如果我們的模擬時間只過了 100 毫秒，是不是方塊的位置只移動到一半呢？這時我們就能透過測試來驗證動畫是否正確。

```
testWidgets("move number tile and tile animate to half", (tester) async {
  _givenPuzzle(puzzle(
    type: PuzzleType.number,
    tiles: [1, 2, 3, 4, 5, 6, 7, 0, 8],
  ));

  await _givenPlayPuzzlePage(tester);

  await _whenMove(tester, tile: "8");

  await tester.pump(const Duration(milliseconds: 100));

  expect(
    _findNumberPosition(tester, 8),
    isTilePositionedAt(top: 180, left: 135),
  );
});
```

　　在這個測試中，當使用者點擊了方塊 8，隨後用 pump 方法，並傳入 100 毫秒的 Duration，最後預期方塊 8 為 (180, 135)。這個位置是怎麼來的呢？方塊 8 最初的位置在最右下角，也就是 (180, 180)，當移動方塊 8 到左邊一格後，最終的位置則是 (180, 90)。而在測試中我們只讓它移動了一半的時間，所以橫座標的位置就停在 90 與 180 的正中央，也就是 135。

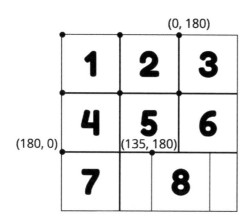

▌圖 6-2　移動到一半的方塊位置

在 pump 方法中，帶入 Duration 的最主要用途就是「模擬時間流動」，像是我們剛剛看到的動畫，或者前面提到的延遲執行任務，這些與時間相關的邏輯都需要模擬時間的流動，才能避免測試失敗。

雖然我們可以測試動畫，但實際上我們大多不太會去寫這樣的測試，原因就如 5.6 小節提到的那樣，我們最需要測試的是「產品的功能是否正常」，而使用者的畫面體驗效果雖然也是需求的一部分，但重要性就比較低，我們大多不會為其增加測試。

以上面 Puzzle 的例子來說，動畫的位移邏輯不是太重要，但是不同領域、不同功能無法一概而論。最終什麼該測試、什麼不需要測試，有賴於開發人員的經驗來判斷，如果判斷有問題、相關邏輯真的被改壞的時候，自然會有被標註緊急或重要的 issue，來告訴我們這部分很重要。

6.3 網路圖片測試

6.3.1 顯示網路圖片造成的錯誤

還記得我們提過 Widget 測試預設會擋掉 HTTP 呼叫嗎？這個問題也同樣發生在嘗試讀取網路圖片的時候。在開發 App 的過程中，我們多多少少都會使用 Image.network 來載入某個遠端的圖片。假設我們的 Puzzle 專案中的圖不是放在本地端，而是放在遠端並用 Image.network 來載入，就會像下方程式碼展示的那樣。

```
class _NoPuzzlesGamesView extends StatelessWidget {
  const _NoPuzzlesGamesView();

  @override
  Widget build(BuildContext context) {
    return Column(
      mainAxisSize: MainAxisSize.min,
      children: [
        Text(
          AppLocalizations.of(context)!.no_ongoing_game,
          style: const TextStyle(fontSize: 20),
        ),
        Image.network(
          "https://some.domain.com/images/no_ongoing_game.jpg",
          width: MediaQuery.sizeOf(context).width * 0.5,
          height: MediaQuery.sizeOf(context).height * 0.5,
        ),
      ],
    );
  }
}
```

當我們嘗試測試遊戲列表為空的情境時，就會發現測試有錯。

```
testWidgets("show no game found when there is no game", (tester) async {
  _givenPuzzleList([]);

  await tester.givenView(BlocProvider.value(
    value: _puzzleListCubit
    child: const PuzzleListView(),
  ));

  expect(find.text(l10n.no_ongoing_game), findsOneWidget);
});
```

錯誤訊息中，提示「打了 HTTP 呼叫後得到 400 錯誤」，因為我們需要透過 HTTP 呼叫取得遠端圖片，但是在測試中卻無法這麼做，那麼我們要怎麼解決這個問題呢？我們有幾個處理方式，就讓我們一一解釋。

```
——┤ EXCEPTION CAUGHT BY IMAGE RESOURCE SERVICE ├———————
The following NetworkImageLoadException was thrown resolving an image codec:
HTTP request failed, statusCode: 400,
https://some.domain.com/images/no_ongoing_game.jpg

When the exception was thrown, this was the stack:
#0      NetworkImage._loadAsync (package:flutter/src/painting/_network_image_
io.dart:115:9)
<asynchronous suspension>
#1      MultiFrameImageStreamCompleter._handleCodecReady (package:flutter/src/
painting/image_stream.dart:1005:3)
<asynchronous suspension>
```

6.3.2　使用 errorBuilder

　　第一個解決辦法是「使用 Image.network 的 errorBuilder 參數」。如果我們有設定 errorBuilder 參數，當圖片載入失敗時，就會呼叫 errorBuilder 來顯示圖片載入失敗的 Widget。

```
Image.network(
  "https://some.domain.com/images/no_ongoing_game.jpg",
  errorBuilder: (context, error, stackTrace) => const Text(" 圖片載入失敗 "),
)
```

　　加入 errorBuilder 之後再執行測試，測試就能正常通過，不再因為 HTTP 呼叫被擋掉而失敗，而是 Image.network 會判斷結果，將設定好的錯誤 Widget 顯示在畫面上。

6.3.3　使用 mocktail_image_network 回傳假圖片

　　除了使用 errorBuilder 之外，還能使用 mocktail_image_network[†2] 套件，這個套件能協助我們避免因為 Image.network() 讀不到圖片，而造成 Widget 測試報錯。而用法也很簡單，只要在呼叫 pumpWidget 時，用 mockNetworkImages 包住即可。

```
testWidgets("show no game found when there is no game", (tester) async {
  _givenPuzzleList([]);

  await mockNetworkImages(() async {
    await tester.givenView(MultiBlocProvider(
      providers: [
        Provider.value(value: _puzzleListCubit),
        Provider.value(value: _authenticationCubit),
```

---

†2　mocktail_image_network：https://pub.dev/packages/mocktail_image_network。

```
    ],
    child: const PuzzleListView(),
  ));
});


await tester.pump();

expect(find.text(l10n.no_ongoing_game), findsOneWidget);
});
```

那 mockNetworkImage 到底做了什麼？簡單來說，其實 mockNetworkImage 是使用 Mock 做了一個假的 HttpClient，並使用 HttpOverride 替換掉底層的 HttpClient，讓 Image.network 在載入圖片的時候得到一張假的圖。

如果比較 errorBuilder 與 mocktail_image_network 這兩個方法的話，可發現使用 mocktail_image_network 會比較簡單，我們就不需要修改每一個 Image.network。若是正式程式碼本來不需要使用 errorBuilder，只爲了測試通過而硬加上 errorBuilder，可能就不是好主意。

程式碼應該保持簡潔和有目的性，加入僅爲測試而存在的方法，會讓程式碼變得複雜，其他開發者可能無法立即理解該方法的用途，甚至未來被其他開發者誤用，這些都會增加理解和維護的成本。

🔍 **小提醒 〉 在正式程式碼中加入測試專用方法**

雖然我們不應該在正式程式碼中加入只有測試需要的方法，但有時在寫測試的時候，不得已需要在正式程式碼中加入一些方法，讓測試可以取得物件的狀態並驗證。此時我們可以在方法上掛上 @visibleForTesting，避免正式程式碼中使用到這個不該使用的方法，導致破壞物件封裝。只要有開發者嘗試使用這個方法，編譯器就會出現警告，提醒開發人員注意。

6.4 Widget 測試的畫面細節

6.4.1 調整測試的畫面尺寸

在先前介紹 Widget 測試的時候，我們曾經談到在 Widget 測試中也是可能會跑版的。在 Widget 測試中跑版，意味著正式 App 也有機會跑版，所以我們應該回頭查看是否 Widget 的配置有問題。

有時我們確認了 Widget 的配置方式是我們想要的，只是剛好 Widget 測試中預設的大小不是我們想要支援的大小，那我們該怎麼辦呢？答案很簡單，我們只要調整 Widget 測試中的畫面大小即可。

在 Widget 測試中，我們可以透過 WidgetTester 身上的 view，來設定測試畫面的 physicalSize 與 devicePixelRatio。

```
tester.view.devicePixelRatio = 2;
tester.view.physicalSize = const Size(2160, 3840);
```

這邊的 physicalSize 是指畫面的 pixel 長寬，而與 devicePixelRatio 運算後的 1080×1920，才是實際 MediaQuery 中取得的大小。

假設我們不做任何調整，會發現 Widget 測試預設 devicePixelRatio 為 3，physicalSize 為 2400×1800，最終在程式中的大小為 800×600，如果與模擬器或真實手機比較，可以發現 Widget 測試中的畫面其實不算大。

此時應該有讀者會思考，那我們要調整到怎樣才適合呢？其實，我們應該思考想要支援的尺寸最小是多少，然後所有測試都執行在這個尺寸之上。畢竟我們考量實際的情況與成本，不可能真的花時間支援任意大小的畫面，而是只需要支援大多數使用者所使用的尺寸即可。

當所有測試都執行在設定最小尺寸的畫面之上，此時測試還是報了跑版的錯誤，我們就知道我們的畫面可能會有問題，便能即時處理。

6.4.2　調整測試的文字

在 Widget 測試中的預設字型是 FlutterTest，這是一種用於測試的字型，與另一種同樣用於測試的字型 Ahem 非常相似，對於兩者的差別有興趣的讀者，可以參考官方的說明[3]。這種字型的主要特點是所有字元都具有相同的寬度和高度，適用於測試佈局和對齊，如下圖展示的那樣，但其實這種文字比其他文字來得大，所以容易在測試中造成跑版。

▍圖 6-3　使用 Widget 測試預設字型的遊戲列表頁面

---

[3]　Notable Rendering and Layout Changes after v3.7：https://docs.flutter.dev/release/breaking-changes/rendering-changes。

如果只是為了讓測試不要跑版，我們可以調整 textScaleFactorTestValue，來縮小測試中的文字大小，讓它不要過大，導致影響測試跑版。

```
tester.view.platformDispatcher.textScaleFactorTestValue = 0.5;
```

6.4.3 　使用真實字型測試

若想更精準在測試中確保畫面狀況，我們可以下載程式中使用的字型放在專案中，並在 pubspec 中把字型加入 App。接著，我們就能在測試中載入字型，讓測試也是使用真實字型，使得測試中的畫面更精準。

```
testWidgets("real font test", (tester) async {
  final robotoMedium = rootBundle.load('assets/fonts/Roboto-Medium.ttf');
  final fontLoader = FontLoader('Roboto')..addFont(robotoMedium);
  await fontLoader.load();

  await tester.pumpWidget(const MyApp());
});
```

在 Flutter 中，Android 平台的預設 fontFamily 為 Roboto，所以我們在範例中用 FontLoader 為 Roboto 這個 fontFamily 載入一個字型。但是，如果我們像下方程式碼那樣，在 Widget 測試中調整 debugDefaultTargetPlatformOverride，把預設平台調成 iOS 的話，字型就又會變回預設的測試字型，因為 iOS 預設的字型並非 Roboto。

```
debugDefaultTargetPlatformOverride = TargetPlatform.iOS;
```

如果想要既測試 iOS 又要自定義字型的話，就同樣要為 iOS 預設的 fontFamily 載入字型，這邊我們就不特別展示。

6.4.4　Golden Test

通常我們比較少在 Widget 測試中修改字型，修改字型比較常用在 Flutter Golden Test 中，Golden Test 是 Flutter 提供的一種測試工具，這種工具可以直接在測試產生畫面的截圖，並透過比較截圖來比較修改前與修改後的畫面細節變化。以下圖來說，我們比較了畫面使用 FlutterTest 字型與 Roboto 字型的差別。

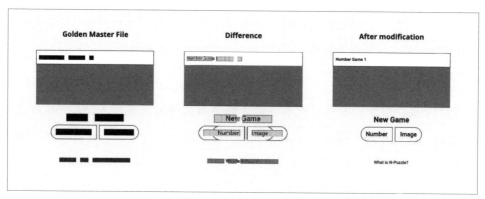

▍圖 6-4　Golden Test 比較修改前後的差異

6.4.5　確保畫面沒有問題

雖然 Widget 測試主要想測試的是功能是否正確，而不是畫面是否完全符合設計，但這並不表示畫面不重要。畫面大多時候雖然不影響使用者操作 App，但是會帶來負面觀感。想像一下，如果我們常常在一個 App 上看到跑版，一下子左邊凸出去，一下子右邊被截掉，是否會覺得 App 的品質不佳呢？

身為一個專業的工程師，除了確保功能正確之外，也必須儘量減少畫面跑版帶來的不適感。Widget 測試不一定是最適合用來驗證畫面設計的工具，但是透過給定一些基本的畫面設定，我們還是能在測試執行的過程中，找出一些可能的問題點。

6.5	本章小結

◆ 當使用 url_launcher 套件開啓外部連結時，由於 launchUrl 方法是一個靜態方法，造成我們比較難測試。透過使用套件提供的測試介面或者是「提取並覆寫呼叫」（Extract And Override Call），都能有效解決這個問題。

◆ 在 Widget 測試中，我們會碰到許多與時間流逝相關的問題，例如：使用 Timer 延遲顯示訊息以及動畫效果、使用 Widget 測試 API 來避免測試錯誤，也是不可不知的技巧。

◆ 在寫 Widget 測試時，可能會遇到網路圖片載入導致的錯誤，使用 mocktail_image_network 套件或使用 errorBuilder，可以避免因爲 Widget 測試無法送出 Http 請求而導致的錯誤。

◆ 當執行 Widget 測試卻發現測試出現跑版錯誤時，我們可以調整 Widget 測試的畫面尺寸和字體設定，以更精確測試 UI。

整合測試

7.1 認識整合測試

7.1.1 整合測試介紹

Flutter 除了提供單元測試與 Widget 測試之外，也提供「整合測試」（Integration Test）工具，讓我們可以更真實測試使用者操作我們的 App。那與 Widget 測試有什麼不同呢？其實最大的差別就是「整合測試必須實際執行在手機或模擬器上」。當執行整合測試的時候，會看到 App 真的被安裝到手機上，並自動操作 App 功能，就像我們在手動測試一樣。

前面介紹「Widget 測試」的時候，我們有看到相關的比較表格，如果整合測試可通過，我們可以比較有信心地說：「功能是正常」，畢竟它真的安裝在手機上，並執行過一遍了。然而無可避免的是，整合測試無論是維護成本或執行速度，相對其他測試來說都是比較差的，這也造成我們的整合測試通常會寫得比較少。

雖然名稱叫做「整合測試」，但是大多時候我們都會用它來作為一種端到端測試的工具，讓 App 真實跑在手機上來測試 App 重要功能的整個流程是否正常，當中包含畫面顯示、內部邏輯執行、與外部依賴互動是否正常。整合測試的語法寫起來與 Widget 測試差不多，同樣都是使用 testWidgets 來宣告一個測試案例，測試過程中也是使用 WidgetTester 來操作畫面。

在 Flutter 官方文件[1] 中，也有針對 Counter App 做了一個整合測試的範例，同樣是測試使用者按下「+」按鈕之後，應該要在畫面中看到數字加 1。

---

[1]　Flutter 整合測試官方文件：https://docs.flutter.dev/testing/integration-tests。

```
void main() {
  IntegrationTestWidgetsFlutterBinding.ensureInitialized();

  group('end-to-end test', () {
    testWidgets('tap on the floating action button, verify counter',
        (tester) async {
      await tester.pumpWidget(const MyApp());

      expect(find.text('0'), findsOneWidget);

      final fab = find.byKey(const ValueKey('increment'));

      await tester.tap(fab);

      await tester.pumpAndSettle();

      expect(find.text('1'), findsOneWidget);
    });
  });
}
```

　　看起來是不是真的與 Widget 測試所差無幾，唯一差別可能就是我們需要在 main
方法一開始的地方呼叫 IntegrationTestWidgetsFlutterBinding.ensureInitialized 方法，
來確保測試執行的是整合測試，而非 Widget 測試。

```
IntegrationTestWidgetsFlutterBinding.ensureInitialized();
```

　　除此之外，當執行整合測試之前，必須要先打開手機或模擬器，否則會看到以下
的錯誤訊息：

```
No devices found yet. Checking for wireless devices...

No supported devices connected.
```

　　實際執行整合測試會發現，整合測試執行起來非常慢。以 Android 來說，當我們按下「執行測試」的按鈕，Flutter 會開始建置測試用的 apk，建置完成之後，會把這個測試 apk 安裝到手機或模擬器上，接著才會開始跑測試。整個測試執行的過程中，會花許多時間在建置測試 apk 上，使得測試執行速度變得緩慢。

7.1.2　對 Puzzle 專案進行整合測試

　　讓我們嘗試用整合測試來測試 Puzzle 專案吧。這邊我們測試一個完整的操作情境，從建立遊戲到遊玩，並成功完成遊戲的案例。這個測試流程很簡單：

01 ▸ 建立數字推盤遊戲。

02 ▸ 移動數字方塊。

03 ▸ 完成遊戲。

```
main() async {
  IntegrationTestWidgetsFlutterBinding.ensureInitialized();

  testWidgets("play puzzle", (tester) async {
    MockRandomGenerator tileGenerator = MockRandomGenerator();
    when(() => tileGenerator.generate(any()))
        .thenReturn([1, 2, 3, 4, 5, 6, 7, 0, 8]);

    await tester.pumpWidget(MultiProvider(
      providers: DependencyProviders.get(randomGenerator: tileGenerator),
      child: const MyApp(),
    ));
    await tester.pumpAndSettle();

    await tester.tap(find.text(l10n.number));
    await tester.pumpAndSettle();
```

```
    await tester.tap(find.text(l10n.game_title(1)));

    await tester.pump();

    await tester.pump();


    await tester.tap(find.text("8"));

    await tester.pump();

    await tester.pump();


    expect(find.text(l10n.finish_game), findsOneWidget);

  });

}
```

可以注意到，在測試中我們還是作假了 TilesGenerator，而不是使用眞實的
RandomTileGenerator，這是爲了讓我們能控制隨機產生的數字推盤，畢竟我們很
難在測試中像使用者那樣通關一個隨機生成的遊戲。即便是貼近眞實的測試，遇到
時間與隨機的問題，我們還是需要在測試中介入控制，讓測試儘可能穩定。

除了 TileGenerator 之外，其他內部邏輯或是資料庫都是使用眞實的依賴。關
於這些依賴類別的設定，則與正式程式碼共用同樣的依賴設定，就像下方的程式
碼：

```
class DependencyProviders {
  static List<Provider> get({TilesGenerator? randomGenerator}) {
    var appDatabase = AppDatabase();
    var puzzleDbRepository = PuzzleDbRepository(
        appDatabase.puzzleGamesDao,
    );
    var puzzleUseCase = MoveTileUseCase(puzzleDbRepository);
    var GetOngoingPuzzlesUseCase = GetOngoingPuzzlesUseCase(
        puzzleDbRepository,
    );
    CreatePuzzleUseCase createPuzzleUseCase = CreatePuzzleUseCase(
```

```
    puzzleDbRepository,
    randomGenerator ?? RandomTilesGenerator(),
  );

  return [
    Provider<MoveTileUseCase>.value(value: puzzleUseCase),
    Provider<GetOngoingPuzzlesUseCase>.value(value: getAllPuzzleUseCase),
    Provider<CreatePuzzleUseCase>.value(value: createPuzzleUseCase),
    Provider<PuzzleRepository>.value(value: puzzleDbRepository),
  ];
 }
}
```

在上面的例子中，由於專案的類別並不多，所以我們選擇自己設定的類別之間的依賴，並放在 Provider 中。當 Widget 需要時，則透過 context.read 方法存取。可以注意到，即使現在專案還小，專案中的類別並不多，但是設定起來有些麻煩，這也是為什麼我們會在整合測試中也同樣使用這份設定，而不是像前面章節中介紹的 Widget 測試那樣，在測試中手動處理依賴。

一般來說，當專案變得更大，我們就會使用第三方的依賴注入套件來協助我們設定這些類別的依賴關係，例如：get_it，這樣能避免手動設定的錯誤，造成不必要的麻煩。

執行測試之後，就會看到測試在模擬器執行的狀況，從開啟 App 到實際建立遊戲並完成，最後測試通過得到綠燈。

可以注意到，在測試中我們在某些地方使用了 pumpAndSettle 來更新畫面，有些地方則是使用 pump。稍後我們也會針對這部分進行解釋，先讓我們來看看其他問題。

7.2 與 Firebase 互動的整合測試

是不是發現整合測試用起來也並不複雜，尤其是在學會 Widget 測試後更是如此，其實如果在簡單的情況下，也確實是如此。但是，大多時候我們的專案沒有這麼單純，如同測試比較表格所展示的那樣，整合測試的依賴數量是最多的，我們的 App 可能會依賴於後端，也會依賴於 Firebase 服務，甚至依賴更多其他的第三方服務，若我們想讓測試儘量貼近真實，這些依賴都會造成整合測試的麻煩。

最常見的就是「登入」問題，如果今天要測的流程是「登入並玩遊戲」的話，最先碰到的問題就是「登入」。若我們使用的是 Firebase Authentication 服務，我們可以多建立一個測試專用的 Firebase 環境給測試使用。

但是當測試跑多了，這個測試 Firebase 上面也會存在許多先前測試的資料，這些資料可能會反過頭來影響測試的執行。要解決這個問題，有很多種辦法，一種是像上面的 MockTileGenenerator 一樣，直接製作一個 MockFirebaseAuth 的測試替身在測試中使用，但是這也使得測試不夠真實。而另一種方式是，當第三方服務有提供測試工具，我們能夠用它來控制第三方的資料時，那其實也可以在整合測試中使用這些第三方測試工具。以 Firebase 服務來說，就可使用 Firebase 提供的各式各樣的 Emulator 來輔助測試。

讓我們來修改一下 Puzzle 專案，加入登入功能，並讓整合測試搭配 Firebase Authentication Emulator 試試看吧。

7.2.1 加入匿名登入

首先是在專案中加入 Firebase Authentication，這邊我們可以使用 FlutterFire 來設定會比較簡單。FlutterFire 是一組 Flutter 外掛，可以用來協助專案引入 Firebase，有興趣的讀者可以參考 FlutterFire 的相關文件[†2]。使用 Firebase Authentication 可以讓 App 輕鬆實現使用者註冊、登錄、密碼重設等功能。

當設定完 Firebase 之後，我們幫 App 加上「登入」頁面，並在遊戲列表頁面中加上「登出」功能。這部分就不特別展示程式碼，有興趣的讀者同樣可以到 Github 中查看：🔗 https://github.com/easylive1989/puzzle/tree/master。

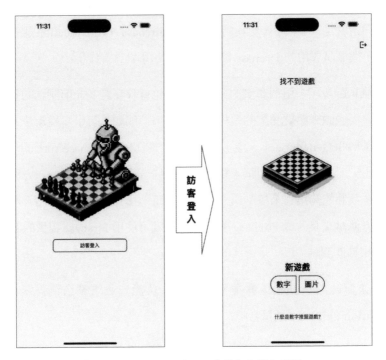

▍圖 7-1　在遊戲列表頁面之前加入登入畫面

---

†2　FlutterFire 相關文件：https://firebase.flutter.dev/docs/overview。

除了新增登入頁面之外，根據 Firebase 文件中所示，我們也需要在 main 方法中呼叫 Firebase.initializeApp 來初始化 Firebase。

```
Future<void> main() async {
  WidgetsFlutterBinding.ensureInitialized();
  await Firebase.initializeApp(
    options: DefaultFirebaseOptions.currentPlatform,
  );

  runApp(MultiProvider(
    providers: DependencyProviders.get(),
    child: const MyApp(),
  ));
}
```

當完成程式碼的部分之後，我們就該來修改測試了。在原本的測試流程上，加入登入的步驟，變成：

01 ▸ 訪客登入。

02 ▸ 建立數字推盤遊戲。

03 ▸ 移動數字方塊。

04 ▸ 完成遊戲。

```
testWidgets("play puzzle", (tester) async {
  final tileGenerator = MockRandomGenerator();
  when(() => tileGenerator.generate(any()))
      .thenReturn([1, 2, 3, 4, 5, 6, 7, 0, 8]);

  await tester.pumpWidget(MultiProvider(
    providers: DependencyProviders.get(randomGenerator: randomGenerator),
    child: const MyApp(),
```

```
  ));

  await tester.pumpAndSettle();

  await tester.tap(find.text(l10n.guest_sign_in));
  await tester.pumpAndSettle();

  await tester.tap(find.text(l10n.number));
  await tester.pump();
  await tester.pump();

  await tester.tap(find.text(l10n.game_title(1)));
  await tester.pump();
  await tester.pump();

  await tester.tap(find.text("8"));
  await tester.pump();
  await tester.pump();

  expect(find.text(l10n.finish_game), findsOneWidget);
});
```

如果直接執行測試的話，會發現測試失敗了，而錯誤訊息如下：

```
——————┤ EXCEPTION CAUGHT BY FLUTTER TEST FRAMEWORK ├——————
The following FirebaseException was thrown running a test:
[core/no-app] No Firebase App '[DEFAULT]' has been created - call Firebase.
initializeApp()

When the exception was thrown, this was the stack:
#0      MethodChannelFirebase.app (package:firebase_core_platform_interface/src/
method_channel/method_channel_firebase.dart:195:5)
#1      Firebase.app (package:firebase_core/src/firebase.dart:79:41)
#2      FirebaseAuth.instance (package:firebase_auth/src/firebase_auth.dart:38:47)
```

因為我們沒有在測試中初始化 Firebase，比較簡單的方式就是使用與正式程式碼一樣的設定，直接在 main 方法中初始化 Firebase。

```
main() async {
  IntegrationTestWidgetsFlutterBinding.ensureInitialized();
  await Firebase.initializeApp(
    options: DefaultFirebaseOptions.currentPlatform,
  );



  testWidgets("play puzzle", (tester) async {...});
}
```

最後執行測試，等待測試執行結束，得到綠燈。在這個測試中，我們直接使用眞實的 Firebase 來測試，如果本身就有 Firebase 測試環境的話，這樣做十分方便。但是這樣有個缺點，就是當外部環境有問題，例如：網路不通或者有波動時，測試就會容易不過，所以我們繼續調整，讓測試不要使用遠端的 Firebase 環境，而是使用在本地端執行 Firebase Authentication Emulator 來測試登入的部分。

7.2.2 可控制的外部依賴

首先，我們需要在專案的根目錄使用以下命令來安裝 Authentication Emulator。

```
firebase init emulators
```

當安裝完 Emulator 之後，執行以下命令啓動 Firebase Emulators，其中就包含 Firebase Authentication Emulator。

```
firebase emulators:start
```

接著我們要在測試中指定測試使用 AuthEmulator，並指定 Emulator 的 port 號，這樣就能讓測試使用本地的 Emulator，而不是遠端真實的 Firebase 服務。

```
main() async {
  IntegrationTestWidgetsFlutterBinding.ensureInitialized();
  await Firebase.initializeApp();
  await FirebaseAuth.instance.useAuthEmulator('localhost', 9099);

  testWidgets("play puzzle", (tester) async {...});
}
```

這樣一來，除了可以更真實的模擬與 Firebase Authentication 服務互動之外，我們也能有效控制這個測試環境。

7.2.3　清除測試資料

還記得我們先前談到測試獨立的特性嗎？我們應該要避免測試之間存在相依性，要避免讓測試之間共用資料。同樣的特性不只運用在單元測試與 Widget 測試上，而是要盡量讓所有的自動化測試都擁有這項特性。

當我們在測試中每登入一次，就會在 Firebase Auth 服務產生一筆使用者資料，測試數量越多，執行越多次，存在 Firebase Auth 服務中的資料也越來越多。最容易發生的問題就是，當 A 測試建立一個帳號，B 測試就不能再次建立相同帳號。這使得每個需要建立帳號的測試都要建立不同帳號，這顯然不是一個好辦法。

使用 Firebase Emulator，我們就能透過 Emulator 提供的 Restful API 清除資料，讓每次測試都是乾淨的環境（Emulator 的位置根據執行的模擬器不同，而會有所不同，以 Android 模擬器來說，就是 10.0.2.2；以 iOS 模擬器來說，則是使用 localhost 即可）。

```
main() async {
  IntegrationTestWidgetsFlutterBinding.ensureInitialized();
  await Firebase.initializeApp();
  await FirebaseAuth.instance.useAuthEmulator('localhost', 9099);

  setUp(() async {
    await deleteAccounts();
  });

  testWidgets("play puzzle", (tester) async {
    // 省略測試內容
  });
}

Future<void> deleteAccounts() async {
  await http.delete(Uri.parse(
      'http://10.0.2.2:9099/emulator/v1/projects/$projectId/accounts',
  ));
}
```

　　同樣的，如果我們要讓每次測試都是乾淨的話，除了重設 Firebase 服務之外，我們也必須清除資料庫的資料。這邊我們有許多做法，我們可以像先前 Repository 測試那樣，在測試中每次都建立新的記憶體資料庫，也可以在使用真實的 sqlite 資料庫。使用記憶體資料庫能讓每個測試開始前都建一個新的，省去手動清資料的麻煩，但是就會沒那麼真實；相反的，使用真實 sqlite 資料庫則是比較真實，但是要記得在每個測試執行之前，把所有資料都清掉。

```
main() async {
  IntegrationTestWidgetsFlutterBinding.ensureInitialized();
  await Firebase.initializeApp();
  await FirebaseAuth.instance.useAuthEmulator('localhost', 9099);
  AppDatabase database = AppDatabase();
```

```
setUp(() async {
  await deleteAccounts();
  await database.puzzleGames.deleteAll();
});

testWidgets("play puzzle", (tester) async {
  // 省略設置假隨機方塊陣列

  await tester.pumpWidget(MultiProvider(
    providers: DependencyProviders.get(
      database: database,
      randomGenerator: randomGenerator,
    ),
    child: const MyApp(),
  ));

  // 省略登入、建立遊戲、移動方塊、驗證結果
});
}
```

　　從單元測試到 Widget 測試，再到整合測試，無論什麼測試，我們都會希望儘量能控制資料，讓測試可以設定任何狀態的資料。有些時候，會看到整合測試與開發人員共用測試環境，這樣會發生一些問題，例如：當我們想測試某些狀況時，發現後端當下的資料不是該測試預期的情境，又或者測試環境有一些髒資料，這些都會造成測試失敗。

　　可能有讀者會好奇，每次測試都要重建這些資源，會不會造成測試過慢？答案是「慢，肯定是比較慢」，但是隨著裝置越來越快，過去跑起來很慢的方式，也就會漸漸越來越快，甚至我們可以透過一些平行執行的方式來加速測試的執行，所以通常不太需要擔心測試很慢的問題。

7.2.4　pump 方法與 pumpAndSettle

接著我們繼續看剛才完成的整合測試，可以發現某些地方與 Widget 測試還是略有不同：在 Widget 測試中，大多數比較慢的外部依賴（例如：sqlite 或 Firebase 服務）會被我們用測試替身取代，執行速度會比較快。但是在整合測試中，我們若使用這些真實的服務來測試，這樣就會存在外部依賴有時過慢的問題，如果我們都還是只用 pump 方法來刷新畫面的話，會發現測試時好時壞，所以有些地方採用pumpAndSettle 來持續畫面刷新，直到沒有新的畫面，這樣會讓測試穩定一些。

```
await tester.tap(find.text(l10n.guest_sign_in));
await tester.pumpAndSettle();
```

在我們上面的例子中，有些部分使用了 pump，甚至還呼叫了兩次，這是為什麼呢？

```
await tester.tap(find.text("8"));
await tester.pump();
await tester.pump();
```

其實原因也很簡單，問題就藏在計時中，還記得我們的遊玩時間計時功能嗎？它會在遊戲進行時不斷倒數，這就導致了畫面也同時不斷刷新；如果我們呼叫pumpAndSettle 方法的話，會發現測試就直接卡在 pumpAndSettle 那邊了，因為畫面一直都有需要更新的需求。

這裡我們需要回頭使用 pump 方法刷新畫面，而且有可能一次不夠、需要多次，這部分很容易造成測試不穩定，可能這次執行 pump 兩次就夠了，但下次又不夠了，使得測試又失敗。

7.2.5　pumpUntilFound

講到這邊，是不是會覺得無論是 pump 或 pumpAndSettle 看起來都不靠譜，我們無法知道要 pump 幾次才能有結果，而 pumpAndSettle 又有一些使用限制，那有沒有更方便的方法呢？

這邊我們可以自己做一個 pumpUntilFound 方法，這個方法的功能就是持續呼叫 pump，直到想要的 Widget 出現為止。那有讀者可能會問：「要是 Widget 一直沒有出現，不就會一直等下去？」是的，所以我們也必須像 pumpAndSettle 那樣，設置一個 timeout，當 Widget 遲遲沒有出現的時候，我們就必須拋出例外，讓測試失敗。

那這個方法與 pumpAndSettle 有什麼不同呢？最大的不同在於，pumpAndSettle 會傻傻地確認畫面是否需要更新，如果需要更新，它就會持續更新，直到沒有新畫面為止。而我們製作的 pumpUntilFound，則只要我們預期的 Widget 有出現，就停止更新，讓測試繼續往下。

```
extension WidgetTesterExtension on WidgetTester {
  Future<void> pumpUntilFound(Finder finder) async {
    const timeout = Duration(seconds: 10);
    final timer = Timer( timeout, () {
      throw TimeoutException("Pump until has timed out");
    });
    while (any(finder) != true) {
      await pump(const Duration(milliseconds: 100));
    }
    timer.cancel();
  }
}
```

　　修改一下剛剛的整合測試，讓測試中每一階段的 pump 與 pumpAndSettle 都改採用 pumpUtilFound，並指定下一階段要使用的 Widget。當下一階段的 Widget 出現在畫面上，測試開始往下繼續執行，這樣一來，測試就會變得穩定多了，無論執行多少次、無論裝置是快是慢，我們都能得到穩定的結果。

```
testWidgets("play puzzle", (tester) async {
  givenRandomNumberList([1, 2, 3, 4, 5, 6, 7, 0, 8]);

  await tester.pumpWidget(MultiProvider(
    providers: DependencyProviders.get(
      database: database,
      randomGenerator: randomGenerator,
    ),
    child: const MyApp(),
  ));
  await tester.pumpAndSettle();
  await tester.pumpUntilFound(find.text(l10n.guest_sign_in));

  await tester.tap(find.text(l10n.guest_sign_in));
  await tester.pumpUntilFound(find.text(l10n.number));

  await tester.tap(find.text(l10n.number));
  await tester.pumpUntilFound(find.text(l10n.game_title(1)));

  await tester.tap(find.text(l10n.game_title(1)));
  await tester.pumpUntilFound(find.text("8"));

  await tester.tap(find.text("8"));
  await tester.pumpUntilFound(find.text(l10n.finish_game));

  expect(find.text(l10n.finish_game), findsOneWidget);
});
```

不過，採用這樣的方式的缺點就是，當測試出錯的時候，就會需要等待比較長的時間，造成測試執行時間比較長。不過通常不太需要擔心，只要我們維持品質，當有問題的時候，壞掉的測試數量不會太多，比較少一次壞很多個測試，造成測試整體執行時間過久。

7.2.6 測試工具的選擇

在進行端到端測試的工具選擇上，其實我們不一定要使用 Flutter 提供整合測試工具，甚至可以說整合測試不一定是最好的選擇。除了整合測試之外，我們還有許多可自動化的整合測試工具，例如：Appium [3]。重點在於只要我們能夠很好地控制資料，讓我們可以根據測試需求來準備測試情境所需要的資料，穩定執行測試，使用什麼工具並沒有太大的關係，可隨團隊喜好即可。

此外，現在也有許多工具支援我們把測試執行在雲端的手機上面，例如：Firebase TestLab [4] 的服務或者 AWS Device Farm [5] 等，這些服務可以讓我們把測試執行在多種不同廠牌與不同型號的手機上，我們也可以透過這些服務來自動執行測試。但是反過來說，這些執行在這些設備上的測試，它們也許只能連到真正的 Firebase 服務或後端伺服器，此時我們可能就要進行一些特別處理，否則可能會碰到測試資料不乾淨的問題。此外，若需要使用平行處理的方式加速測試，可能會遇到這些服務比較難以拓展的問題。

---

[3] Appium：https://appium.io/docs/en/latest。

[4] Firebase Test Lab：https://firebase.google.com/docs/test-lab。

[5] AWS Device Farm：https://aws.amazon.com/tw/device-farm。

7.2.7　拓展測試真實度

大多數 App 除了 Firebase 之外，還會與後端 API 互動。在整合測試中，同樣的我們可以選擇使用測試替身作假，也可以使用 Mock Server 來更真實一點地作假，也可以真的在測試執行的時候，啟動後端伺服器，連同後端程式一起做更全面的端到端測試。

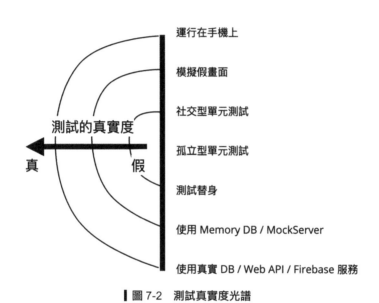

▌圖 7-2　測試真實度光譜

在「測試足夠穩定」的前提之下，選擇越是端到端的測試做法，對於測試能提供的信心也越足夠，但是會遇到的挑戰也越大。越真實的測試往往越難實踐，因為若想達到可穩定重複執行，我們就更需要思考如何避免外部環境不穩定所產生的影響。

7.3 測試夠全面了嗎？

在我們儘可能為每個類別測試，使用單元測試、Widget 測試、整合測試，並寫了幾百、幾千、甚至幾萬個測試之後，那我們的測試夠了嗎？這是一個很難回答的問題。如果要觀測可以量化的指標，最簡單也最常見的方式就是「測試覆蓋率」（Test Coverage）。

測試覆蓋率

「測試覆蓋率」是一個軟體測試指標，用來衡量測試案例覆蓋了多少程式碼。它通常表示成百分比，表示在所有可能的程式碼路徑中，實際被測試案例執行過的程式碼比例。「測試覆蓋率」的主要目的是讓我們可以觀測目前程式碼的品質和可靠性，透過全面測試來減少缺陷和錯誤的可能性。

在 Flutter 中，我們可以透過 IDE 或指令執行測試時，一併產生測試覆蓋率的報告。

Current view: top level				Hit	Total		Coverage
Test: lcov.info			Lines:	556	697		79.8 %
Date: 2024-09-15 02:02:54			Functions:	0	0		-

Directory	Line Coverage		Functions	
/home/runner/work/puzzle/puzzle/lib/authentication/data	80.0 %	12 / 15	-	0 / 0
/home/runner/work/puzzle/puzzle/lib/authentication/domain/entity	100.0 %	4 / 4	-	0 / 0
/home/runner/work/puzzle/puzzle/lib/authentication/presentation/login/bloc	62.8 %	10 / 16	-	0 / 0
/home/runner/work/puzzle/puzzle/lib/authentication/presentation/login/view	100.0 %	21 / 21	-	0 / 0
data	100.0 %	37 / 37	-	0 / 0
data/source	52.4 %	111 / 212	-	0 / 0
domain	97.0 %	32 / 33	-	0 / 0
domain/entity	85.0 %	34 / 40	-	0 / 0
presentation/play_puzzle/bloc	87.7 %	64 / 73	-	0 / 0
presentation/play_puzzle/view	100.0 %	106 / 106	-	0 / 0
presentation/puzzle_list/bloc	92.3 %	24 / 26	-	0 / 0
presentation/puzzle_list/view	88.6 %	101 / 114	-	0 / 0

Generated by: LCOV version 1.14

▌圖 7-3　LCOV - code coverage report

在測試覆蓋率報告中，我們可以看到一些資訊，包括：

◆ **總體行覆蓋率**：表示程式碼中執行過的行數相對於總行數的比例。

◆ **目錄結構**：列出專案中各個目錄的路徑，並展示每個目錄的覆蓋率數據。

◆ **詳細覆蓋率資訊**：

　➥ **行覆蓋率**：每個目錄的行覆蓋率百分比。

　➥ **總行數**：目錄中的總行數。

　➥ **已覆蓋行數**：目錄中已執行的行數。

報告提供詳細的測試覆蓋率數據，讓開發人員能夠了解哪些部分的程式碼已被測試覆蓋、哪些部分尚未被覆蓋，有助於進一步改進測試覆蓋率。接著來看看如何產生測試覆蓋率報告吧。

7.3.1　產生測試覆蓋率報告

首先，我們要在執行測試時產生測試覆蓋率報告，這可以透過以下命令產生：

```
flutter test --coverage
```

除此之外，我們也可以直接在 IDE 的測試資料夾中按右鍵，並執行「Run 'test in test' with Coverage」，來執行測試並產生報告。

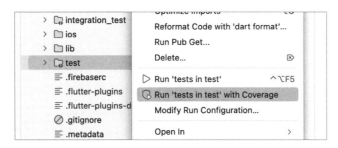

▌圖 7-4　使用 Intellij IDEA 產生測試覆蓋率報告

最後會專案根目錄下產生一個「Coverage」資料夾，當中會有一個 lcov.info 檔案，這個檔案就是我們的測試覆蓋率報告，但是這個檔案我們無法直接使用，而是需要使用 lcov 套件來轉換 html 格式。

接下來，我們需要使用 lcov 工具，將 lcov.info 檔案轉換為 HTML 格式的報告。首先，確保已經安裝了 lcov 套件；如果尚未安裝，可以透過以下命令安裝：

```
sudo apt-get install lcov
```

習慣使用 Homebrew 或使用 Windows 的讀者，也可以自行尋找適合的安裝方式。安裝完成後，我們在專案根目錄中使用 genhtml 命令，將 lcov.info 檔案轉換為 html 格式：

```
genhtml coverage/lcov.info -o coverage/html
```

這個命令會將生成的 html 報告存放在 coverage/html 目錄下。打開這個目錄中的 index.html 檔案，即可在瀏覽器中查看詳細的測試覆蓋率報告，如圖 7-3 所示。

7.3.2　在 Intellij IDEA 中顯示

使用 Intellij IDEA 的讀者也可以安裝 Flutter Enhancement Suite [6] 外掛程式，使用這個外掛程式並產生報告之後，能夠在工具列中選擇 Run 的 Manage Coverage Reports 來指定剛剛產生的報告，之後我們就能在檔案左側的檔案列表中，看到每個資料與檔案的行覆蓋率。

---

[6]　Flutter Enhancement Suite：https://plugins.jetbrains.com/plugin/12693-flutter-enhancement-suite。

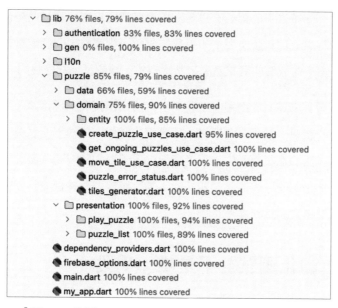

▌圖 7-5　使用 Flutter Enhancement Suite 顯示測試覆蓋率

請注意，這個功能可能會隨著外掛版本與 Intellij IDEA 的版本有所不同，功能也有可能隨之異動。

7.3.3　測試覆蓋率僅供參考

有了測試覆蓋率報告，我們就可以用測試覆蓋率來確認測試是不是夠完整，但需要注意的是，測試覆蓋率並不適合作為「檢驗測試是否足夠」的唯一指標，畢竟我們很可能為了讓覆蓋率的數字漂亮，而去寫許多意義不大的測試，或者在重要的地方只有一兩個測試。那除了測試覆蓋率之外，我們還有什麼指標來告訴我們測試是否足夠了呢？

除了觀察測試覆蓋率之外，我們也可以觀察「每週的 Bug 數量是否有變少的趨勢」、「近幾次產品 Release 是否順利」、「出問題的次數有沒有變少」，這些都是一些可以觀察的指標。

除此之外，「開發人員的信心」也是一項指標，可以想一想我們是否有足夠的信心在禮拜五的時候上線新版本呢？如果我們測試足夠完整，開發人員對通過測試的產品有信心，願意在放假前發布產品，其實也是一種測試足夠完整的表現。

那這樣測試覆蓋率還有什麼用呢？我們可以透過檢視測試覆蓋率，來看看是否有與預期不相符的狀況。在筆者準備 Puzzle 專案的時候，就透過測試覆蓋率看到一個狀況：在登入頁面的測試報告中，筆者查看行覆蓋率的狀況時，發現某一行竟然沒有被覆蓋到，但是明明就有測試相關功能，這行應該要有被覆蓋到才對，後來仔細查看之後，發現原來測試其實有問題。

7.3.4　自動化測試並不是唯一手段

自動化測試確實能夠提升開發效率和產品品質，但它並不是的唯一手段。自動化測試通常側重於驗證已知情況和功能，對於那些未被預料到的情境或邊界情況，可能會有疏漏，所以我們還是會需要手動進行探索性測試，這部分專業的 QA 與兼職 RD 的效率可能會有顯著的差別。

除了測試功能有沒有 Bug 之外，還有其他許多類型的測試，像是我們可能爲了能在流量大的情況下維持一定品質的服務，我們可能會需要做壓力測試。又或者產品的安全性要求比較高，我們可能會需要使用一些弱點掃描的工具，甚至找人來幫忙做滲透測試。除此之外，我們可能也會爲了更好的使用者體驗，召集一些使用者來做易用性測試。這些不同的測試方法都是從不同面向檢驗產品，增加產品不同面向的品質。

7.3.5　有測試不等於沒有 Bug

雖然我們投入大量時間和資源來進行測試，也不能保證產品完全沒有 Bug。測試能夠降低風險，但無法完全消除風險；也正因如此，我們需要持續關注產品的使用情況，快速響應和修復新發現的問題。透過建立完善的監控和反饋機制，及時捕捉並解決問題，才能進一步提升產品的穩定性和使用者體驗。

以 App 來說，我們大多會使用 Firebase Analytics 服務來及時捕捉 App 中那些沒被處理的例外，這些例外可能是由各種原因引起，例如：未預料的使用者行為、設備兼容性問題或網路環境的變化。Firebase Analytics 能幫助我們追蹤這些異常事件的發生頻率和具體情境，從而使我們能夠在短時間內定位問題並進行修復。

透過結合自動化測試、使用者回饋和資料分析，我們可以建立一個持續改進的迭代流程，確保產品在不斷更新的同時，保持高水準的品質和穩定性，這不僅僅是技術層面的挑戰，更需要團隊間的緊密合作，才能最終達到滿足、甚至超越使用者期望的目標。

7.4 本章小結

◆ 整合測試必須在真實手機或模擬器上執行測試，模擬使用者操作，測試 App 功能。相較於其他測試方式，整合測試更耗時且維護成本較高，但能提供較高的信心。

◆ 在整合測試中，使用 Firebase Authentication Emulator 能增加測試的真實度，同時避免因外部環境不穩定所導致的測試失敗。此外，我們也要在每次測試開始前清除測試資料，確保每次測試在乾淨環境中進行，避免測試之間有相依關係。

◆ 我們可以使用測試覆蓋率來評估測試的完整性，但測試覆蓋率並不適合作為唯一指標，應與其他不同的指標綜合使用，保障應用程式的品質。

8

CHAPTER

其他測試議題

測試只是軟體開發的一小部分，除了測試之外，我們得搭配其他的實踐，並持續練習與應用，才能在工作中使用得心應手。在這個章節中，我們將簡單談論一些與測試相關的議題，這些議題每個可以更深入探討，甚至獨立成為一本書。這邊我們只會簡單介紹，讓初學測試的讀者們了解有哪些更進階的議題。

8.1　持續整合

在我們為專案編寫許多測試之後，我們可能會在本地執行測試，通過就推送到遠端版本庫中，但是這並還沒結束，我們推送到遠端版本庫之後，我們需要有個系統來執行測試與建置專案，這個系統稱為「持續整合」（Continuous integration，簡稱 CI）系統。那為什麼我們需要這個系統呢？

◆ **及早發現問題**：CI 能自動且及時檢查新提交的程式碼，及早發現潛在問題或錯誤，避免問題累積到後期再解決。

◆ **促進團隊協作**：當多個開發人員同時進行開發、任何程式碼被推送遠端版本庫時，CI 就能嘗試建置，確認程式碼沒有因為合併而造成問題，又或者是有其他依賴關係而導致的問題。

◆ **保證高品質程式碼**：持續整合系統，可以執行程式碼品質檢查（如靜態分析），確保程式碼符合標準，提高整體品質。

說了這麼多，那到底要怎麼做呢？這邊我們一樣使用 Puzzle 專案為例，讓我們使用 Github Actions 來建立可自動執行測試的 CI 系統吧。

8.1.1 Github Actions 介紹

「GitHub Actions」是 GitHub 提供的一個功能，能夠用自動化專案建置流程，它可以讓開發者在 GitHub 上自動執行各種任務，從簡單的執行測試到複雜的部署上版流程，都可以使用它來完成。

具體來說，GitHub Actions 允許你定義 workflows，這些工作流程由一系列步驟組成，並會在特定事件發生時自動執行，例如：當有新的程式碼提交到某個分支時。每個工作流程由一個或多個 jobs 組成，每個 job 又包含多個 steps，這些 steps 是具體的命令或腳本，用來執行特定的任務。

workflow 文件使用 YAML 語法編寫，並存放在「.github/workflows/」目錄下。開發者可以完全控制何時、如何觸發這些工作流程，例如：在推送程式碼或合併分支時，甚至可以按時自動執行。

總結來說，GitHub Actions 是一個強大的工具，用來簡化開發過程中的自動化任務，使得持續整合和部署變得更加簡單高效。

8.1.2 建立 workflow

首先是在專案中建立「.github/workflows/」目錄，並在目錄中加上一個 main. yml，並設定如下：

```
name: Continuous Integration


on: push
jobs:
  build:
    runs-on: ubuntu-latest
```

```
steps:
  - uses: actions/checkout@v4
```

這個工作流程名爲「Continuous Integration」，它會在每次推送程式碼後自動執行。工作流程在 Ubuntu 最新版本的虛擬機器上執行，並包含一個名爲「build」的作業。這個作業的第一個步驟是使用「actions/checkout@v4」，將目前最新的程式碼下載到執行器的工作空間中。

8.1.3　安裝 Flutter 與執行測試

接著我們就需要在工作空間中安裝 Flutter，並設定版號爲 3.22.3 與 stable，對這個步驟有興趣的讀者，可以參考 flutter-action 的文件說明[1]。設定完 Flutter 安裝步驟之後，我們就能再新增一個步驟使用 Flutter 的 CLI 工具來執行測試。

```
name: Continuous Integration

on: push
jobs:
  build:
    runs-on: ubuntu-latest
    steps:
      - uses: actions/checkout@v4
      - name: Install Flutter
        uses: subosito/flutter-action@v2
        with:
          flutter-version: '3.22.3'
          channel: 'stable'
      - name: Run Flutter Test
        run: flutter test
```

---

[1]　flutter-action：https://github.com/subosito/flutter-action。

設定完成後，只要有任何一個測試失敗，工作流程也就中斷，不會繼續進行後面的步驟。

8.1.4　執行整合測試

在我們專案中，除了單元測試與 Widget 測試之外，我們還有整合測試需要執行。在整合測試中，我們除了 Flutter 之外，我們還會需要 Firebase Authentication Emulators 與 Android 模擬器，所以在開始執行整合測試之前，我們需要先建立這些依賴。

首先是 Firebase Authentication Emulators，就如同我們在本機上安裝 Firebase CLI 工具一樣，在 CI 上也需要做一樣的事情。這邊讓我們先安裝 Node.js，再用 npm 安裝 Firebase CLI。

```
- name: Set up Node.js 20
  uses: actions/setup-node@v4
  with:
    node-version: 20
- name: Start Firebase Emulators
  run: |
    npm install -g firebase-tools
```

接著，讓我們安裝 Android 模擬器，並指定 api-level、arch、profile 等細節。對於相關設定有興趣的讀者，可以參考 android-emulator-runner 文件說明[2]。

```
- name: enable KVM for linux runners
  run: |
    echo 'KERNEL=="kvm", GROUP="kvm", MODE="0666", OPTIONS+="static_node=kvm"' |
```

---

†2　android-emulator-runner：https://github.com/ReactiveCircus/android-emulator-runner。

```
sudo tee /etc/udev/rules.d/99-kvm4all.rules
    sudo udevadm control --reload-rules
    sudo udevadm trigger --name-match=kvm
- name: Run Flutter Integration Test
  uses: reactivecircus/android-emulator-runner@v2
  with:
    api-level: 29
    arch: x86_64
    profile: Nexus 6
    script: firebase emulators:exec --only auth 'flutter test integration_test'
```

最後就是在 script 的部分執行「firebase emulators:exec」，並指定執行 Flutter 整合測試。可以發現這邊我們不是用「firebase emulators:start」，而是使用「firebase emulators:exec」，因為這個指令可以在測試執行完的時候，自動結束 Firebase Emulator，避免 Emulator 持續執行，導致 CI 無法完成工作。

如果我們寫了一大堆測試，卻沒有 CI 系統來持續整合團隊的每一次提交，沒能及時暴露有問題的狀況，就會大大削弱自動化測試的好處。

CI 不只是用來跑測試而已，我們通常還會用來自動建置專案與部署來「持續部署」（Continuous Deployement，簡稱 CD），不過千萬要記住這些系統只是持續整合與持續部署實踐中的一部分。由於這部分已經偏離了本書談論的範圍，我們只展示系統中與測試比較相關的部分。

8.1.5　產生測試覆蓋率報告

在上一章節中，我們談到了如何產生 Flutter 的測試覆蓋率報告，但如果每次要看的時候都要手動產生，長久下來肯定也是不小的負擔。其實，這個工作也可以讓 CI 系統來做，當每次測試之後，順便產生程式碼與覆蓋率報告，並跟隨每一次建置提

供下載，這樣我們隨時想看最新的報告，只要到 CI 系統中找到最新的建置，就能
看到本次建置的報告。

這邊我們稍微修改一下 workflow，在原本 Flutter 測試步驟中加上「--coverage」
的參數，讓測試執行後產生測試覆蓋率報告；接著設定 lcov 工具，並使用 genhtml
命令來把報告轉換成 HTML 格式；最後使用 Github 的上傳 Artifact 功能，把報告
上傳。

```
- name: Run Flutter Test
  run: flutter test --coverage
- name: Setup LCOV
  uses: hrishikesh-kadam/setup-lcov@v1
- name: Generate Test Coverage Report
  run: genhtml coverage/lcov.info -o coverage/html
- name: Archive Test Coverage Report
  uses: actions/upload-artifact@v2
  with:
    name: Test Coverage
    path: coverage/html
```

最後我們在每次建置細節的頁面中，可以找到上傳的測試覆蓋率報告來下載。

▌圖 8-1　從 Github Action 下載測試覆蓋率報告

除了使用 Github Actions 來建立 CI 系統，市面上也還有許多不同的服務可以協助我們建立 CI 系統，例如：Codemagic、Gitlab CI/CD、Google Cloud Build 等，族繁不及備載，有興趣的讀者可以自行研究。

8.2 設計也很重要

在本書中，我們較少談及「設計與重構」，但我們增加測試的目的之一是「為了維持產品品質」。而高品質的產品，必須要有高品質的程式碼來支持，測試能支持我們進行重構和設計調整，使程式碼更易於維護和調整，以應對未來新增需求，讓產品具備持續盈利的動能。

筆者很久之前面試時，曾經在面試過程中討論到重構，此時面試官問到：「那你們有寫單元測試嗎」，那時年輕的我以為這是另一個獨立的問題，與先前重構無關。當開始認識測試之後，才知道測試與重構原來密不可分。

8.2.1 支持持續修改

只要我們的產品持續盈利，我們就會頻繁地在現有產品加新功能。持續的新增與修改功能，也意味著我們得每天面對我們的舊程式碼來思考如何調整，以應付新的需求。無論是軟體缺乏測試，抑或是設計不良，都會一步一步地減緩我們的開發速度，直到完全改不動的那一天，只剩下翻掉重寫的可能性了。翻掉重寫需要花費許多的物力與人力，卻沒能對使用者帶來真正的價值。

為了避免落入這樣的情況，我們就得常常重構我們的程式碼，就像種植花草樹木一樣，需要澆水、修剪，「重構程式碼」能讓程式更容易維護。想要常常重構，我們就要有測試的保護，畢竟我們不可能每一次修改，就手動測試所有的功能。

8.2.2　更好的設計

當有測試保護之後，就可以開始重構程式碼，我們得先察覺程式碼中的「壞味道」（Code Smell），根據不同的壞味道來採取不一樣的措施，讓程式碼符合各種設計原則，例如：SOLID 原則、DRY 原則等。

除了設計原則之外，我們也得注意程式碼的可讀性是否足夠，在 Kent Beck 提出的簡單設計的四個原則，其中 Reveals Intent 就是「要讓程式能夠表達出意圖，我們必須花時間重構，直到程式簡單到顯然沒有缺陷，而不是複雜到沒有明顯的缺陷」。

除了知道要重構成什麼樣子之外，如何重構也很重要，在《重構：改善既有程式的設計（第二版）》[3] 中，詳細介紹了各種不同重構手法，合適的重構手法可以讓我們在重構的過程中，減少引入 Bug 的機會。除此之外，書中也有討論哪些壞味道適合哪些重構手法，是開發人員必須學會的技能之一。

8.2.3　沒有測試也想改

在現實的開發工作中，我們碰到的專案不一定都有良好的設計、完整的測試。我們可能會碰到一些沒有測試、架構也亂七八糟的專案。在《Working Effectively with Legacy Code 中文版》就稱呼這些沒有測試的程式為「遺留程式碼」。

大多時候，我們會希望在修改功能或重構之前，最好有測試保護原本的功能，這樣我們才能知道程式被調整後，有沒有任何東西被改壞，但是真的碰到要處理遺留程式碼時，這些程式碼可能只有很少量的測試，或者根本沒有任何測試。當情況一緊急，我們也只能在沒有測試的情況下硬著頭皮改，但這並不意味著我們可以大翻

---

[3]　《重構：改善既有程式的設計（第二版）》，2017 年，碁峰出版。

修，而是必須依照安全的修改步驟來小範圍修改，然後小範圍加上測試，一點一點地讓整個專案的程式碼都有測試保護，這在之前介紹過的《Working Effectively with Legacy Code 中文版》有更詳細的說明。

小範圍的調整，除了能減少程式改壞的風險之外，也能讓這次修改的時間控制在合理範圍之中，畢竟我們修改程式碼是為了對客戶產生價值，而不應該浪費時間在修改不需要修改的功能上。

8.3 必先利其器

許多人沒有寫測試的習慣，當被問到為什麼不寫測試時，可能大多數的答案是「開發時程太趕，沒時間寫測試」。而「沒時間寫測試」的一部分原因，有時是「不熟悉測試，導致寫測試要花很多時間」，有時則是「因為工具不熟練，導致花很多時間在寫固定樣板的程式碼」。

前者我們只要多思考、多寫就能緩解，但是後者就需要一點技巧了，讓我們來談談如何用 Intellij IDEA 的工具加快寫測試的速度吧。由於 Android Studio 也是由 Intellij IDEA 衍生而來，以下我們就只說明 Intellij IDEA 如何操作，使用 Android Studio 的讀者也可以用相同的方式操作。

8.3.1 使用 IDE 外掛套件快速建立測試檔案

如果沒有使用工具，當我們想寫測試的時候，我們就得打開長長的目錄，用滑鼠慢慢移動到目標資料夾，點開右鍵建立新檔案並輸入名稱，整個過程大概得花上 10 秒。或許 10 秒看起來不長，但是卻中斷了我們的思考，我們得從「要寫什麼測試」

的思考中，跳轉到「建立測試」，最後又跳回來想「我要測試什麼」，這當中會有一些切換的成本。

使用 Intellij IDEA 的外掛功能，可以找到許多不同的 Dart/Flutter 相關測試外掛，例如：Dart Test [4]、Flutter Test File Creator [5]、Flutter Tests Assistant [6] 等。當我們想建立測試時，每個外掛的建立測試檔案方式略有不同，這邊以 Flutter Tests Assistant 為例，我們可以在要測試的檔案上按右鍵，選擇「New → Create Flutter Test File」來快速產生測試檔案，也有相對應的快捷鍵可以使用。

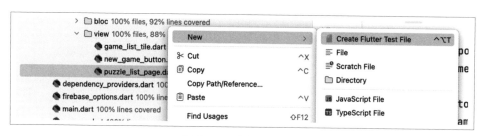

▌圖 8-2　建立測試檔案

建立完成後，我們不需要自己慢慢打開一層一層的測試目錄，最後才打開測試檔案。只要我們停留在某個類別中，就可以使用 IDE 的「Go to tests」快捷鍵，一瞬間移動到相對應的測試檔案。

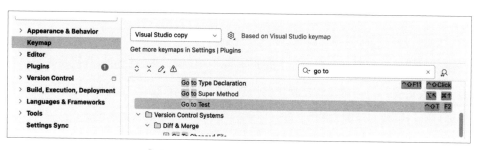

▌圖 8-3　移動測試檔案的快捷鍵設定

---

†4　Dart Test：https://plugins.jetbrains.com/plugin/16299-dart-test。

†5　Flutter Test File Creator：https://plugins.jetbrains.com/plugin/19381-flutter-test-file-creator。

†6　Flutter Test Assistant：https://plugins.jetbrains.com/plugin/24789-flutter-tests-assistant。

8.3.2 運用 Live Templates

當我們每次想新增測試時，得先宣告測試案例。若我們每次都是一行一行地輸入這些固定樣板的程式碼，也是一個令人厭煩的過程，而利用 IDE 的「Live Templates」功能，我們就能快速產生測試程式碼。以下面的圖片來說，我們只輸入了「test」，並選擇帶有印章圖示的 test，便快速產生測試案例樣板。

▌圖 8-4　使用 Live Templates 產生測試樣板程式碼

產生完成的樣板程式碼如下：

```
test("", () {

});
```

產生完成後，游標也會停留在定義測試描述的位置，讓我們可以直接輸入測試描述，輸入完按下 Enter 鍵，游標就會自動跳到測試內容的匿名方法中，過程中完全不需要移動滑鼠或使用鍵盤的 ↑ ↓ ← → 鍵。

在「Live Templates」的設定中，我們也能找剛剛使用的 test 設定，了解其中定義的縮寫與實際的樣板內容。此外，如果我們需要更多不同的樣板，也可以在此增加。

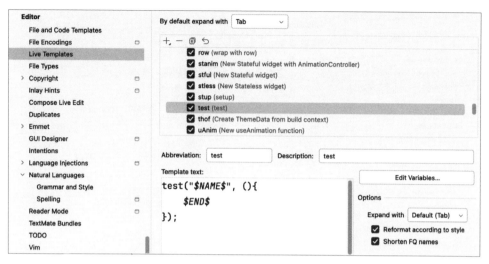

▌圖 8-5　test 的 Live Templates 設定

　　善用「Live Templates」功能，可以省去輸入重複的樣板程式碼的時間，如果仔細研究的話，可以發現「Live Templates」功能其實不止可快速產生樣板，還能設定提示參數等，有興趣的讀者可以參考 Intellij IDEA 的文件[7]。

8.3.3　使用 External Tools

　　除了外掛程式與「Live Templates」功能之外，在 Flutter 開發中，還有一項我們時常使用的工具：「build_runner」。我們會透過 build_runner 來產生各式各樣的程式碼，像是我們前面提到的 mockito 測試替身類別或圖片常數等。除了每次都要打開終端機輸入這些指令之外，我們也能使用 Enternal Tools 來執行這些指令，並為它加上快捷鍵。這邊我們用 External Tool 設定一個可以執行 build_runner 的功能。

---

†7　Live templates：https://www.jetbrains.com/help/idea/using-live-templates.html。

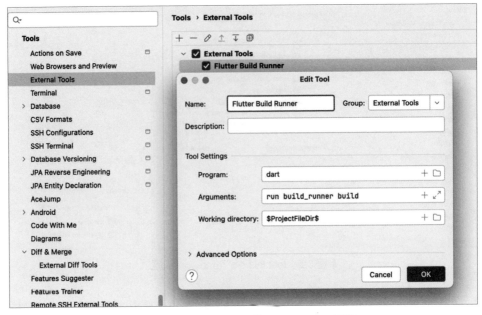

▌圖 8-6　External Tools 的 build_runner 設定

　　就像上圖展示的那樣，我們可以建立一個新的 External Tool，並指定執行「dart run build_runner build」，最後我們可以在 Keymap 中找到剛才設定的 External Tool，並分配給它一個自己習慣的快捷鍵，這樣我們就能用更快方式執行 build_runner 了。

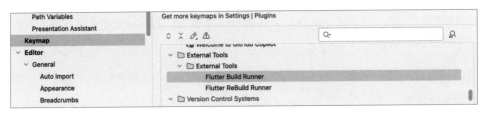

▌圖 8-7　設定 External Tools 的快捷鍵

同樣的，想深入研究的讀者，一樣可以參考 Intellij IDEA 的官方文件[8]。除了自行設定 External Tools 之外，我們也可以從 Intellij IDEA 的第三方外掛程式中，找到一些快速執行 build_runner 的工具，這邊就留給讀者自行探索。

8.3.4 寫快一點有什麼用？

在真正熟練工具或快捷鍵之前，可能很多人會想：「我就算打字打得快、快捷鍵或工具用得熟練，也省不了多少時間，我還是得花大把時間思考程式碼怎麼寫，感覺上也省不了多少時間」，但事實並非如此，我們之所以思考得慢，有一部分是因為思考常常被中斷，而被什麼東西中斷呢？正是被打字與移動滑鼠的操作中斷。

寫程式時，雖然我們開始前先想好大概要怎麼做，但開始寫的時候，還是一段一段完成。我們會想一下這段要怎麼寫，寫一段程式碼時可能還要尋找其他類別，最後終於完成程式碼，然後繼續思考下一段要怎麼寫。在上一段思考與下一段思考之間的間隔時間越長，我們就要花越多的時間回想「再來要做什麼」，導致整體的思考時間更長。

熟練 IDE 快捷鍵與工具，能顯著減少寫程式碼的時間，最小化思考與思考之間的中斷時間，讓思考更連貫順暢，無形中也縮短了思考的時間。

8.4 設計測試案例

在寫測試的時候，如果測試目標的行為很簡單，裡頭只有一個 if 判斷，我們很容易就能列出兩個測試案例：「if 成立」與「if 不成立」兩種狀況。

---

[8] External Tools：https://www.jetbrains.com/help/idea/configuring-third-party-tools.html。

大多時候，我們從客戶那邊了解需求的規則，到了開發階段，RD 就要自己拍腦袋想一想正常路徑有哪些情況、非正常路徑有哪些情況，轉成一個一個的測試案例，那每次我們拆解測試案例都這麼簡單嗎？顯然不是，所以我們需要一些方法來幫忙列舉測試案例。

8.4.1　列出所有組合

以數字推盤遊戲來說，我們或許可以把遊戲可能遇到的狀況分成幾種分類：

◆ 點擊「可移動」方塊與「不可移動」方塊。

◆ 空白方塊的位置在「角落」、「四周非角落」、「中心」。

若是以這兩個分類來說，我們暴力一點把所有組合都列出來。分析測試案例的最簡單方式，就是「把所有可能的變因組合都列出來」。以上面的例子來說，我們可列出 $2 \times 3 = 6$ 種組合。

組合	移動方塊	空格位置
1	可移動	角落
2	可移動	四周非角落
3	可移動	中心
4	不可移動	角落
5	不可移動	四周非角落
6	不可移動	中心

聰明的讀者很快就會發現，一旦變因多的時候（例如：我們想多考慮棋盤初始狀態是否已經結束時），測試案例也會跟著暴增，此時我們可以考慮使用其他的測試方式。

8.4.2　Pairwise Testing

在 Pairwise Testing 中，不要求列出所有組合，而是讓兩兩一組的變因組合至少出現在某個測試案例中。例如：「可移動」×「中心」就是一種組合。

組合	移動方塊	空格位置	遊戲是否結束
1	可移動	角落	是
2	可移動	四周非角落	否
3	不可移動	四周非角落	是
4	不可移動	中心	是
5	不可移動	角落	否
6	可移動	中心	否
7	可移動	四周非角落	是

可以發現使用 Pairwise Testing 方法，讓原本需要 $2 \times 3 \times 2 = 12$ 個測試案例可以減少到 7 個，當變因更多時能更有效減少案例。好奇的讀者可能會問：「這樣會不會錯誤就發生在其他組合呢？」答案是「有可能會」，所以在使用 Pairwise Testing 時，我們還是得檢查一下設計組合，增加明顯有意義的組合，或去除掉一些可能沒有意義的組合，例如：「空格在中心」×「遊戲已結束」的組合就是完全不可能發生的狀況。

不過，Pairwise Testing 看似美好，實際上還是有一些限制，與前面暴力列舉所有情況的方法一樣，我們需要合理拆分不同特性，特性拆得好不好，會與測試的成效有很大的關聯，這部分也是開發人員與專業測試人員會有差距的地方。

8.4.3　Boundary-Value Testing

當我們測試變因和數字有關時，我們就可以使用這個邊界值分析方法，選擇合法與不合法邊界的值來測試，可能會比較容易找到沒有處理到的情境。假設我們在測試「顯示遊玩時間」功能時，我們就可以取幾種測試案例：

◆ **最小邊界前後**：-1 秒、0 秒、1 秒。

◆ **中間值**：5 秒、10 分鐘、1 小時 30 分鐘。

◆ **最大邊界前後**：99 小時 59 分 59 秒、100 小時。

透過邊找出邊界值附近的案例，有時可以更容易發現問題。不同的測試方法也可以混合使用，例如：我們就可以用邊界值分析法找出幾個有用的值，再來做 Pairwise Testing。

8.4.4　更多的測試案例分析方法

其實我們只舉了一些簡單常見的方法，每個方法都有它的限制與適用情境，並沒有一個方法可以用在各種情況，所以如果想更好分析測試案例，我們還需要認識許多其他的分析測試案例方法。例如：Decision Table、State Transition Testing 等，這些方法除了可以拿來分析測試案例，也可以拿來在開發之前，分析需求的各種情境，有興趣的讀者也可以參考「David Ko 的學習之旅」[9]。

---

†9　David Ko 的學習之旅：https://kojenchieh.pixnet.net/blog。

8.5 測試驅動開發

8.5.1 快速認識 TDD

TDD 全名為「測試驅動開發」（Test-Driven Development），是一種軟體開發方法，強調在編寫實際功能程式碼之前，先撰寫測試。這個方法有以下幾個主要步驟：

01 ▶ 撰寫失敗測試。

根據需求撰寫一個單元測試，此時這個測試會失敗，因為功能還沒有被實現。

02 ▶ 實現功能。

根據測試的要求，編寫最少量的程式碼來使測試通過。

03 ▶ 重構程式碼。

在測試通過的基礎上，對程式碼進行重構，以改善其結構或性能，確保程式碼的品質和可維護性。

04 ▶ 重複上面三個步驟。

反覆進行這三個步驟，不斷增加新的功能與測試，直到需求完全滿足。

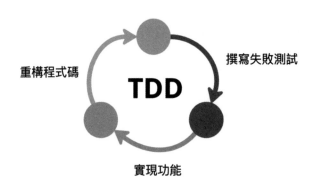

▎圖 8-8　測試驅動開發循環

　　TDD 的優點包括「提高程式碼的品質」、「降低錯誤率」、「幫助開發者保持對需求的清晰理解」。TDD 也能促使開發者寫出更簡單的程式碼,因為在實作的步驟中,我們只會編寫剛好能通過測試的程式碼,避免我們多寫了不需要的程式碼。這邊我們同樣以 Puzzle 專案為例,我們嘗試用測試驅動開發的方式來新增一個功能。

8.5.2　列舉測試案例

　　我們來為 Puzzle 專案新增一個「Undo」功能,這個功能很簡單,就是讓玩家可以在移動某個方塊之後,透過 Undo 來回復先前的移動。在開始撰寫測試之前,先列舉一些實際的使用情境,以說明「Undo」功能的應用場景。

情境	應用場景
①假設存在方塊陣列: [1, 2, 3, 4, 5, 6, 7, 0, 8]	· 當玩家移動方塊 7,並 Undo 一次。 · 然後方塊陣列回復成:[1, 2, 3, 4, 5, 6, 7, 0, 8]。
②假設存在方塊陣列: [1, 2, 3, 4, 5, 6, 7, 0, 8]	· 當玩家連續移動方塊 7、4、1,接著 Undo 二次。 · 然後方塊陣列回復成:[1, 2, 3, 4, 5, 6, 0, 7, 8]。
③假設存在方塊陣列: [1, 2, 3, 4, 5, 6, 7, 0, 8]	· 當玩家 Undo 一次。 · 然後陣列維持在:[1, 2, 3, 4, 5, 6, 7, 0, 8]。

透過以上三個具體的例子，我們能更清楚知道「Undo」功能的行為。

在第一個例子中，我們清楚知道「Undo」功能是把移動的方塊回復到上一步；第二個例子告訴我們 Undo 可以多次；最後一個例子告訴我們當沒有移動時，玩家無法 Undo。

我們在討論需求的時候，大多只會講述功能是什麼，這其中有時會發生誤會，畢竟同一句話在不同狀況下會解讀成不同意思。透過使用具體例子來舉例，我們能更清楚知道功能的行為，減少誤會的狀況發生，這部分在《Specification by Example 中文版》[10] 中有更深入的探討，十分推薦讀者閱讀此書。

8.5.3　情境一：Undo 方塊

首先，讓我們從情境一開始吧。

🎲 先寫一個失敗的 Widget 測試

01 ▸ 先寫一個失敗的 Widget 測試。這邊我們寫一個 Widget 測試渲染 PlayPuzzle Page 畫面，並模擬使用者移動方塊 7，因為我們得先移動方塊才能 Undo。

02 ▸ 接著我們複製 _whenMove 的做法，來模擬使用者按下「Undo」按鈕。

```
testWidgets("move number tile and undo", (tester) async {
  _givenPuzzle(puzzle(
    type: PuzzleType.number,
    tiles: [1, 2, 3, 4, 5, 6, 7, 0, 8],
  ));

  await _givenPlayPuzzlePage(tester);
```

---

†10　《Specification by Example 中文版：團隊如何交付正確的軟體》，2014 年，博碩文化出版。

```
    await _whenMove(tester, tile: "7");

    // 模擬使用者按下 Undo
    await tester.tap(find.byIcon(Icons.undo));
    await tester.pump();
    await tester.pump(const Duration(milliseconds: 1000));
});
```

03▶ 寫到這邊，先讓我們執行一下測試。執行測試會發現找不到「Undo」按鈕，畢竟我們還沒實作，所以理所當然地會錯。讓我們在 PlayPuzzlePage 中找個適當的地方放上按鈕，並確保測試通過。

```
Column(
  mainAxisAlignment: MainAxisAlignment.center,
  children: [
    PlayingTimeView(puzzle: puzzle),
    const SizedBox(height: 20),
    const Icon(Icons.undo),
    Container(...),
    const SizedBox(height: 40),
    LeaveButton(isGameOver: puzzle.isGameOver),
  ],
)
```

04▶ 如果這時我們在模擬器上執行 App，會發現「Undo」按鈕的位置可能不太對，但是沒關係，我們可以先完成功能，晚點再回頭處理畫面細節。記得，一次只做一件事情。

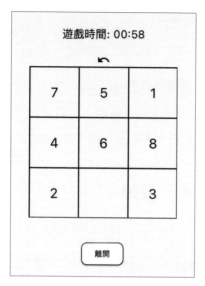

▌ 圖 8-9　Undo UI 尚未優化的畫面

05 ▶ 我們來驗一下最終結果，確認方塊 7 在按下「Undo」按鈕之後，有回復到先前
的位置。

```
_puzzleShouldBe(tester, [
  ["1", "2", "3"],
  ["4", "5", "6"],
  ["7", "x", "8"],
]);
```

06 ▶ 最後執行測試，確認結果是壞的，這是因為我們還沒實作功能，理所當然是壞
的。那我們要怎麼讓測試通過呢？最簡單的方式就是「當按下 Undo 之後，寫
死移動方塊 7，藉此回復剛才移動的方塊 7」。

```
GestureDetector(
  onTap: () {
    context.read<MoveTileBloc>().add(MoveTile(id: id, tile: 7));
  },
```

```
    child: const Icon(Icons.undo),
)
```

　　試一下，測試通過了。這邊如果想再更小步一點，我們可以使用三角定位法，將這段寫死的程式碼再用另一個測試「驅動」出真正的邏輯，但這邊我們就不示範了，想瞭解更多的讀者可以參考《Kent Beck 的測試驅動開發》[11]。

◈ 重構：替換寫死的邏輯

　　這邊我們直接簡單重構一下，把寫死的邏輯改掉。

01 ▸ 首先把 PlayPuzzlePage 從 StatelessWidget 調整成 StatefulWidget，並把目前移動的方塊記錄在 lastMovedTile 狀態中。

```
class _PlayPuzzlePageState extends State<PlayPuzzlePage> {
  int? lastMovedTile;

  @override
  Widget build(BuildContext context) {...}
}
```

02 ▸ 當按下「Undo」按鈕時，就移動 lastMovedTile 中紀錄的位置。

```
GestureDetector(
  onTap: () {
    context.read<MoveTileBloc>().add(MoveTile(
        id: widget.id,
        tile: lastMovedTile!,
    ));
  },
```

---

†11 《Kent Beck 的測試驅動開發：案例導向的逐步解決之道》，2021 年，博碩文化出版。

```
    child: const Icon(Icons.undo),
  )
```

03 ▸ 在移動方塊的時候，同時也要記錄 lastMovedTile。

```
TileView(
  onTap: () {
    context
      .read<MoveTileBloc>()
      .add(MoveTile(id: widget.id, tile: tile.value));
    lastMovedTile = tile.value;
  },
  tile: tile.value,
  puzzleType: puzzle.type,
  puzzleTileSize: puzzleTileSize,
)
```

改完之後，再跑一下測試，確保重構沒改壞東西。

🔮 進一步重構

這邊我們有兩個方向可以繼續，一是「進一步重構，把狀態移動到 Bloc 中」，二是「可以先繼續下一測試的循環」。這邊讓我們選擇繼續重構吧。

01 ▸ 在 Flutter 的設計中，我們會傾向於把各種非 UI 相關的狀態放到狀態容器中，這邊我們把 lastMovedTile 移入 MoveTileState 中，並在移動成功時記錄移動的方塊。

```
class MoveTileState {
  final MoveTileStatus status;
  final int? lastMovedTile;
```

```
MoveTileState toSuccess({required int movedTile}) {
  return copyWith(
    status: MoveTileStatus.success,
    lastMovedTile: movedTile,
  );
}


// 省略其他細節
}
```

02 ▸ 接著新增一個 UndoMove 事件，在按下「Undo」按鈕時，我們會向 MoveTile Bloc 發送 UndoMove 事件。

```
GestureDetector(
  onTap: () {
    context.read<MoveTileBloc>().add(UndoMove(id: id));
  },
  child: const Icon(Icons.undo),
)
```

03 ▸ 再來在 MoveTileBloc 中，新增與 UndoMove 事件對應的方法。而對應方法的行為，直接使用 MoveTileUseCase 即可。

```
Future<void> _undo(event, emit) async {
  await _moveTileUseCase.move(event.id, state.lastMovedTile!);
  emit(MoveTileState.success());
}
```

04 ▸ 最後，因為我們也不需要把最後一步記載 StatefulWidget 的 State 中了，所以把 PlayPuzzlePage 改回 StatelessWidget，改完之後再跑一下測試，成功通過。最後重構一下測試，把測試中的 Undo 操作抽取方法，讓意圖更加清楚。

```
testWidgets("move number tile and undo", (tester) async {
  _givenPuzzle(puzzle(
    type: PuzzleType.number,
    tiles: [1, 2, 3, 4, 5, 6, 7, 0, 8],
  ));

  await _givenPlayPuzzlePage(tester);

  await _whenMove(tester, tile: "7");

  await _whenUndo(tester);

  _puzzleShouldBe([
    ["1", "2", "3"],
    ["4", "5", "6"],
    ["7", "x", "8"],
  ]);
});
```

到這邊，我們就完成「Undo」功能的第一個情境測試了，讓我們繼續下一個情境吧。

8.5.4　情境三：無法 Undo

01 ▶ 讓我們跳過第二個情境，先寫第三個情境的測試：「當尚未移動任何方塊時，Undo 也沒有效果」。

```
testWidgets("undo before move any tile", (tester) async {
  _givenPuzzle(puzzle(
    type: PuzzleType.number,
    tiles: [1, 2, 3, 4, 5, 6, 7, 0, 8],
  ));
```

```
await _givenPlayPuzzlePage(tester);

await _whenUndo(tester);

_puzzleShouldBe(tester, [
  ["1", "2", "3"],
  ["4", "5", "6"],
  ["7", "x", "8"],
]);
});
```

02 ▶ 在完成第一個測試後,接下來的測試就變得簡單多了。我們可以複製前一個測
試並稍作修改,就完成了新測試,執行並得到測試失敗。

```
────┤ EXCEPTION CAUGHT BY FLUTTER TEST FRAMEWORK ├────────
The following _TypeError was thrown running a test:
Null check operator used on a null value

When the exception was thrown, this was the stack:
#0      MoveTileBloc._undo (package:puzzle/puzzle/presentation/play_puzzle/bloc/
move_tile_bloc.dart:32:62)
#1      Bloc.on.<anonymous closure>.handleEvent (package:bloc/src/bloc.dart:229:26)
```

在錯誤訊息中,我們發現錯誤出現在執行 Undo 時,出現了 null 錯誤。因為我們
還沒移動任何方塊,所以 lastMovedTile 是 null,一使用 lastMovedTile 就出錯了。

03 ▶ 這邊我們可以很簡單的加上 null 檢查,在還沒有移動的時候,就提早回傳,不
要執行 Undo 的動作。改完之後,再次執行測試,得到綠燈。

```
Future<void> _undo( event, emit) async {
  if (state.lastMovedTile == null) {
```

```
    return;
  }
  await _moveTileUseCase.move(event.id, state.lastMovedTile!);
  emit(MoveTileState.success());
}
```

目前這邊也沒什麼特別需要重構的，在開發的過程中，並不一定總是需要重構。有時程式碼已經很簡單了，所以沒有重構的必要；有時程式碼看起來好像有些問題，但是我們還沒看出應該重構成什麼樣子，此時我們也可暫且放著，繼續往下一個情境前進，或許其他情境的新增程式碼就會告訴我們答案了，所以我們開始最後一個情境的測試吧。

8.5.5　情境二：多次 Undo

這次我們也能複製先前的測試，快速寫出多次 Undo 的測試。

01 ▸ 在測試中，我們移動三個方塊，並做了兩次 Undo，寫完測試並執行，測試也是理所當然得到紅燈。

```
testWidgets("move three times and undo twice", (tester) async {
  _givenPuzzle(puzzle(
    type: PuzzleType.number,
    tiles: [1, 2, 3, 4, 5, 6, 7, 0, 8],
  ));

  await _givenPlayPuzzlePage(tester);

  await _whenMove(tester, tile: "7");
  await _whenMove(tester, tile: "4");
  await _whenMove(tester, tile: "1");
```

```
  await _whenUndo(tester);
  await _whenUndo(tester);

  _puzzleShouldBe(tester, [
    ["1", "2", "3"],
    ["4", "5", "6"],
    ["x", "7", "8"],
  ]);
});
```

02 ▶ 這邊我們需要把 MoveTileState 中的 lastMovedTile 改成陣列。

```
class MoveTileState {
  final MoveTileStatus status;
  final List<int> lastMovedTiles;

  MoveTileState toSuccess({required List<int> lastMoveTiles}) {
    return MoveTileState(
      status: MoveTileStatus.success,
      lastMovedTiles: lastMovedTiles,
    );
  }

  // 省略其他細節
}
```

03 ▶ 我們調整一下 MoveTileBloc 中，與 lastMovedTiles 相關的使用地方，讓移動的時候，把最新移動的方塊加到 lastMovedTiles 陣列的最後，並在 Undo 之後，把最後一個移除，並且存回 Bloc 的狀態中。

```
Future<void> _move(event, emit) async {
  try {
```

```
      await _moveTileUseCase.move(event.id, event.tile);

      emit(state.toSuccess(
        lastMoveTiles: state.lastMovedTiles..add(event.tile),
      ));
    } on PuzzleException {
      emit(state.toFail());
    }
  }
}


Future<void> _undo(event, emit) async {
  if (state.lastMovedTiles.isEmpty) {
    return;
  }
  await _moveTileUseCase.move(event.id, state.lastMovedTiles.last);
  emit(state.toSuccess(lastMoveTiles: state.lastMovedTiles..removeLast()));
}
```

改完之後，再執行測試，測試成功通過，得到綠燈。

04 ▶ 接著我們就要重構了，這邊我們可以重構程式碼的部分。將操作 lastMovedTiles
陣列的行為放進 MoveTileState 中，讓 Bloc 更容易使用。

```
class MoveTileBloc extends Bloc<MoveTileEvent, MoveTileState> {
  // 省略建構子與依賴

  Future<void> _move(event, emit) async {
    try {
      await _moveTileUseCase.move(event.id, event.tile);
      emit(state.toMoveSuccess(movedTile: event.tile));
    } on PuzzleException {
      emit(state.toFail());
    }
  }
}
```

```
Future<void> _undo(event, emit) async {
  if (state.lastMovedTiles.isEmpty) {
    return;
  }

  await _moveTileUseCase.move(event.id, state.lastMovedTiles.last);

  emit(state.toUndoSuccess());
  }
}
```

05 ▸ 最後調整一下畫面，讓畫面與設計符合，我們也就完成「Undo」功能了。若我
們想持久化 Undo 的步驟，可能就會需要進一步的調整，這邊就留給讀者們自
己嘗試。

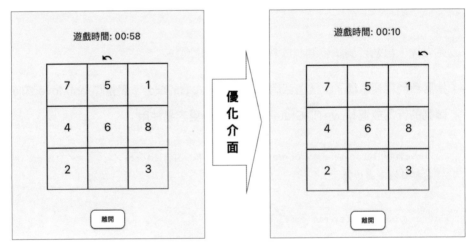

▋圖 8-10　優化 Undo UI

在我們列出測試情境之後，我們可以思考一下從哪個方法開始最簡單，可以增加
最少的邏輯就完成。我們並不是單純隨便選一個測試案例開始就好，在挑下一個測
試案例的時候，也會挑加最少邏輯的。這也是為什麼我們在測試完第一個情境之
後，便跳過第二個，跑去測試第三個情境。

　　當測試情境安排得不好，可能做起來就會不順。測試驅動開發的做法並不只有一種方式，有人喜歡由內而外，有人喜歡由外而內，有人喜歡模擬風格，有人喜歡社交風格，也不一定要總是從畫面開始。如果想要瞭解如何順暢進行 TDD，可以參考 Joey 的相關課程[†12]。

　　在實際專案中運用 TDD 的時候，可能會發現並不是每一次都很容易。如果製作一個全新的功能時，TDD 起來可能會比較容易，在舊有的功能上繼續增加功能，可能會困難一些，因為我們不只要了解新增加的功能，還要複習一下既有功能的行為，這點也會體現在準備測試資料上，甚至很有可能程式只需要改幾行，測試需要改的反而比較多。但是無論如何，透過 TDD，我們能夠更精準為功能增加必要邏輯，使程式碼更簡單、更容易維護。

　　對前面的 TDD 過程有興趣的讀者，也可以參考 Github 連結： **URL** https://github.com/easylive1989/puzzle/tree/tdd_for_und，TDD 過程相關的提交也都在 Github 專案。

8.6 本章小結

◆ 使用「持續整合」系統自動測試新提交的程式碼，及早發現問題並促進團隊協作，有助於維持高品質的程式碼。

---

†12 敏捷開發軍火庫：https://tdd.best/author/joeychen/。

◆ 測試能支持程式碼的重構和設計調整，使其更易於維護並能應對未來需求，避免因設計不良而導致重寫。

◆ 利用 IDE 外掛程式、快捷鍵和自動化工具，可以加快測試撰寫過程，減少思考被中斷的時間，提升開發效率。

◆ 透過各種黑箱測試方法來系統性設計測試案例，確保不同情境都被覆蓋，幫助我們思考是否有缺漏的測試情境。

◆ 使用測試驅動開發，先寫測試再寫程式碼，最後重構的開發流程，透過不斷的測試與重構來提高程式碼品質，使得開發者更精準實現功能。

後 記

◆ 這裡只是起點

就如同一開始提到的，撰寫本書的初心是為了提供 Flutter 開發人員更好地認識測試，我們一起學習了單元測試、Widget 測試和整合測試，與其他測試相關的技巧與實踐。但是這其實只是起點，只是知道該怎麼做並不夠，還需要真的在產品專案中實踐，才能讓知識不只存在腦袋中，而是能真的發揮影響力，為產品創造收益。

在真實的專案中，可能會因為專案特性與架構的不同，而遇到不同的困難。即便我們開始能在專案中開始寫測試了，也還要思考把「寫測試」這件事融入現有開發流程中，當寫越來越多測試之後，雖然發現測試能有效保護產品功能，但是也發現維護測試並沒有想像中的容易，這些都是實踐之後才會碰到的問題。

◆ 邁向專業工程師

就像在職業運動領域中，職業運動選手除了上場打球之外，也會在平常透過各種訓練提升球技，才能在競爭激烈的球場上脫穎而出。同樣的，如果我們想成為更好的工程師，也應該像職業運動選手，平時就要練習尚未熟練的技術。無論是框架使用、重構或者測試，我們很難只看過一次文章、上過一次課，就能熟練運用在實務中，而是需要透過不斷地思考與刻意練習，不斷地犯錯與調整，才能在實際的開發過程中熟練使用各項技術。

除了熟練已經學會技巧之外，我們同時也必須要拓展我們的測試實踐。若是我們已經熟練單元測試的運用，那我們可以思考是否要引入 Widget 測試或整合測試來加強測試覆蓋的範圍，又或者決定是否使用社交型測試來避免測試過度認識程式結構。除此之外，也要思考什麼樣的測試策略、什麼樣的測試比例能更適合目前的團隊，用最小的力氣獲得最大的收益。像是當團隊大部分的成員可能剛學測試不久，專案中可能就有比較高的孤立型單元測試；隨著團隊發展，越來越熟練測試技巧，有能力讓在維持測試品質的狀況下提高測試粒度，此時可能就會提高 Widget 測試或端到端測試的比例。

🔷 沒有對錯，只有取捨

隨著電腦速度越來越快與 AI 工具的出現，許多以前的我們熟知的方式可能在未來有更好的方式，像是我們可以用 AI 來幫忙產生測試。對於一些簡單的情境，我們是不是就用 AI 來幫忙測試就好？或者是以 Widget 測試來說，以前 UI 相關的測試寫起來可能都會不穩定，但是現在 Widget 測試寫起來也不麻煩，而且執行起來速度快且穩定，那 Widget 測試的數量是不是能比單元測試多呢？

我們可以多方嘗試不同的做法，然後頻繁檢視結果，看看是否做法能有效解決問題、有沒有縮短開發時間、有沒有減少 Bug 數量，當發現沒用的話，我們就得調整做法。透過一次一次的迭代，我們的開發也會越來越順暢，以小步快跑的節奏，小範圍的調整，然後頻繁回顧解法是否有效，有效則繼續，無效則換個方法，持續優化整個開發流程，這些調整最終都會反映在產品上。

最後希望讀者們都能順利透過測試，提升產品品質，邁向更專業的軟體工程師。

🔷 聯繫作者

再次謝謝大家耐心讀完這本書，希望本書內容能對大家未來的開發能夠有幫助。無論是在閱讀過程中，或者是在專案實踐時，有任何問題都可以隨時透過以下方式聯繫我：easylive1989@gmail.com，也歡迎追蹤筆者部落格：🔲 https://medium.com/@easylive1989，隨時獲取最新訊息。